灾害来临怎么办？

——冰雪灾避险自救

张庆阳　编著

中国质检出版社
中国标准出版社

北　京

图书在版编目(CIP)数据

灾害来临怎么办?——冰雪灾避险自救/张庆阳编著. —北京:中国标准出版社,2013.10

ISBN 978-7-5066-7229-0

Ⅰ.①冰… Ⅱ.①张… Ⅲ.①冰害-灾害防治 ②冰害-自救互救 ③雪害-灾害防治 ④雪害-自救互救 Ⅳ.①P426.616

中国版本图书馆 CIP 数据核字(2013)第 177260 号

中国质检出版社
中国标准出版社 出版发行

北京市朝阳区和平里西街甲 2 号(100013)

北京市西城区三里河北街 16 号(100045)

网址:www.spc.net.cn

总编室:(010)64275323 发行中心:(010)51780235

读者服务部:(010)68523946

中国标准出版社秦皇岛印刷厂印刷

各地新华书店经销

*

开本 880×1230 1/32 印张 3.125 字数 90 千字

2013 年 10 月第一版 2013 年 10 月第一次印刷

*

定价 13.00 元

丛书序

充满生机活力的地球在为世间万物提供繁衍生息之美丽家园的同时，也无时无刻不潜藏着多种灾害危机，如地面突然上下震动使人无法站立的地震，高过屋顶的海浪和瞬间淹没家园的海啸，把我们周围一切燃烧贻尽的火灾，台风和暴雨导致的水灾，等等。

我们难以预测这些自然灾害会在什么时候、在哪儿发生，也不知道这些灾害会以怎样的方式袭击我们的家园。然而，一旦这些灾害突然来临，它们会在瞬间夺去我们的财富，甚至夺去亲人和朋友的生命。

灾害发生时，如果事先采取了防灾对策，就能够减少灾害损失，最大限度地保护自己和家人的生命安全。然而，我们中间有多少人了解、掌握应对灾害的知识和技能呢？无知是生命的杀手，无备是安全的隐患。

为了提高国民在发生火灾、地震、水灾和冰雪灾等灾害时，沉着冷静地采取措施进行自救互救的能力，我们编撰了本套“灾害来临怎么办?”丛书，包括《火灾避险自救》、《地震避险自救》、《水灾避险自救》和《冰雪灾避险自救》四册。

本套丛书以问答的形式，分别介绍了在多种场合下如何应对火灾、地震、水灾和冰雪灾等自然灾害的方法和技巧，书稿内容图文并茂、通俗易懂。真诚希望该套丛书的出版能够激发国民学习、掌握防灾减灾知识的热情，为国泰民安贡献一份力量。

编　者

2012 年 11 月

前　言

冰雪是人世间的精灵，是自然界的化妆师，雪花从天而降，把世界变成一座圣洁的宫殿。然而，如果美丽的雪花持续不断地降落，或者在反常的时间降雪，就会给生灵带来危害。

冰雪灾害是我国常见的气象灾害。气象灾害在自然灾害中出现次数最多，发生范围最大，危害面最广，造成的损失最严重。我国是世界上自然灾害最严重的国家之一，气象灾害每年造成的损失占全国自然灾害总损失的70%左右，约占国内生产总值的1%以上，受气象灾害影响人口在4亿以上。冰雪灾害防灾减灾关系千家万户，关系社会稳定，关系国家发展大局。但愿本书对全社会普及冰雪灾害应急知识，增强公众的公共安全意识、社会责任意识，提高自救、互救能力，减少冰雪灾害所造成的损害有所补益。

冰雪灾害由冰川引起的冰灾和积雪、降雪引起的雪灾两部分组成。包括冰雪洪水、冰川泥石流、冰湖溃决、河流冰凌与凌汛、海冰、暴风雪、风吹雪、雪崩等。本书内容主要介绍了冰雪灾害的种类、分布、特点、危害、预防、应对措施、避险的基本技能以及警报、自救、逃生等方面的知识，还调研了国外10个国家防御雪灾的经验，结合国情给出我国及相关领域应对冰雪灾害的取向。本书文字表述浅显易懂，配图生动鲜明，内容较丰富和全面。本书看得懂、记得住、用得上，为广大读者提供了简单实用的学习工具。

值本书出版之际，感谢在本书编写过程中付出辛勤劳动的朱舆好及所有编辑人员。本书在编写过程中,参阅和调研了大量文献,主要参考文献列于书后,对未能列出参考文献的作者表示歉意和由衷的感谢。由于编者知识水平所限且时间紧,书中疏漏在所难免,敬请广大读者批评指正。

编著者

2013年2月

目　录

一、冰雪灾害的基础知识

1. 你知道冰雪是人类宝贵的资源吗？ 1

2. 什么是冰雪灾害？ 1

3. 我国冰雪灾害的时空分布 2

4. 我国冰雪灾害的类型及分布 2

5. 我国冰雪灾害具有哪些特征？ 3

6. 冰雪天气到来之前应注意哪些事项？ 4

7. 冰雪灾害有哪些预防措施？ 5

8. 什么是冰雪洪水？ 5

9. 冰雪洪水如何分布？ 6

10. 冰雪洪水灾害及防御 6

11. 什么是冰川泥石流？ 6

12. 冰川泥石流形成条件是什么？ 6

13. 冰川泥石流如何分布？ 7

14. 冰川泥石流有哪些类型？ 7

15. 冰川泥石流有哪些危害？ 7

16. 冰川泥石流有哪些主要预防措施？ 8

17. 什么是凌汛及危害？ 8

18. 黄河凌汛的成因是什么？ 9

19. 凌汛有哪些防御措施？ 9
20. 你知道什么是雪灾吗？ 11
21. 你知道雪灾的指标是什么吗？ 12
22. 你知道电视天气预报中雪的图形符号吗？ 12
23. 雪灾成因是什么？ 13
24. 雪灾防范与避险的一般须知有哪些？ 13
25. 牧民防御白灾主要从哪些方面着手？ 14
26. 雪灾应急要点有哪些？ 15
27. 降低雪灾损失的方法有哪些？ 16
28. 什么是暴风雪？ 17
29. 暴风雪给牧区带来的灾害 17
30. 如何应对暴风雪突袭？ 18
31. 什么是风吹雪？ 19
32. 容易发生风吹雪灾害的地区 19
33. 风吹雪防治有哪些主要措施？ 19
34. 什么是雪崩？ 20
35. 造成雪崩的原因是什么？ 21
36. 雪崩如何分类？ 21
37. 如何应对雪崩灾害？ 22
38. 雪崩急救措施有哪些？ 23
39. 你知道什么是暴雪吗？ 24
40. 暴雪来临前应做哪些准备？ 24
41. 野外暴雪突袭如何应对？ 24
42. 你知道暴雪预警的有关规定吗？ 25

43. 暴雪灾害应急要点有哪些? 25
44. 蓝色暴雪警报及其应对指南 25
45. 黄色暴雪警报及其应对指南 26
46. 橙色暴雪警报及其应对指南 27
47. 红色暴雪警报及其应对指南 27
48. 你知道在什么情况下发生道路结冰吗? 28
49. 道路结冰警报如何发布? 28
50. 如何获取道路结冰警报? 29
51. 道路结冰的危害及相关部门如何应对 29
52. 道路结冰黄色警报防御指南 29
53. 道路结冰黄色警报有哪些应对措施? 30
54. 在道路结冰情况下驾驶人员应该如何驾驶机动车? 30
55. 道路结冰棕色警报及其应对措施 31
56. 道路结冰红色警报及其应对措施 32
57. 道路冰雪处治策略有哪些? 33
58. 公路雪害防治方法有哪些? 33

二、国外雪灾防御

59. 美国:应对雪灾基本对策是预先做好准备 35
60. 日本:应对雪灾多管齐下 35
61. 德国:应对雪灾经验丰富 37
62. 法国:早期预警,成效显著 38
63. 加拿大:清理积雪各负其责 39
64. 俄罗斯:应对雪灾措施完善 40

65. 英国:以灾害性天气预警为工作重点 41
66. 芬兰:即时除雪 41
67. 挪威:机场"一条龙"清雪 41
68. 瑞士:以防雪崩为重点 41
69. 国外应对雪灾的启示与借鉴 42

三、我国雪灾防御

70. 我国政府应对雪灾的主要措施 44
71. 麦田减轻冰雪灾害的主要措施 45
72. 减轻蔬菜冰雪灾害主要措施 45
73. 大棚种植应如何应对雪灾? 46
74. 蔬菜遭受雪灾如何及时补种? 46
75. 畜牧业暴雪防灾措施有哪些? 47
76. 减轻果树冰雪灾害主要技术有哪些? 47
77. 冰雪灾害对海水养殖业造成的损害 48
78. 鱼类越冬有哪些温室抗冰雪减灾技术 48
79. 雪灾之后如何预防动物疫情发生? 49
80. 如何防治电网覆冰灾害? 49
81. 城市道路交通应如何应对雪灾? 50
82. 雪灾对航空安全有哪些影响? 50
83. 冰雪天气航空运输有哪些应对措施? 51
84. 冰雪天气铁路运输有哪些应对措施? 51
85. 小学校应对暴雪天气有哪些措施? 51

四、冰雪灾害如何避险自救互救

86. 你知道雪地遇险有哪些生存办法吗? 53
87. 发生雪灾怎样应急救援? 53
88. 暴风雪天气安全注意事项有哪些? 55
89. 面对雪灾如何防止慌乱? 55
90. 在野外遭遇雪灾怎样发出求救信号? 56
91. 如何在野外雪地搭建避寒场所? 56
92. 雪天在江河湖面上滑冰时应注意什么? 如何互救? 57
93. 遭遇雪灾如何避难? 57
94. 雪天突然发病如何自救? 59
95. 部队如何防范避险雪灾? 60
96. 部队如何解救雪灾受灾人员? 61
97. 遭遇冰川泥石流如何避险? 62
98. 野外遇到暴风雪如何求救? 62
99. 在暴风雪中如何自救逃生? 63
100. 雪天冻伤的预防方法 67
101. 你知道雪灾伤害的处理与自我保护吗? 67
102. 山林中落入雪坑怎么办? 68
103. 风雪中脱水如何自救? 69
104. 雪天掉进冰窟怎样自救? 69
105. 雪地迷路自救互救要领有哪些? 69
106. 雪天崴脚如何自救? 70
107. 雪天汽车行驶自救小技巧有哪些? 70

108. 被暴风雪困在汽车内如何逃生？ 71
109. 如果你的车陷进深雪中怎么办？ 72
110. 遭遇雪灾如何进行自救？ 73
111. 身体被雪掩埋时怎么办？ 74
112. 雪天在结冰路面上行走摔倒时如何自我救护？ 74
113. 雪天如何锻炼和自救？ 75
114. 雪天如何保护饮用水设备的安全？ 76
115. 雪天冰上摔伤时如何自我救护？ 76
116. 冻伤有哪些急救方法？ 77
117. 雪崩伤亡的原因有哪些？ 78
118. 防雪崩随身应携带哪些安全装备？ 78
119. 遇上雪崩如何自救逃生？ 79
120. 雪崩目击者应采取哪些救助措施？ 81
121. 搜索雪崩遇难者主要原则有哪些？ 81
122. 大范围探查雪下遇难者的特殊方法有哪些？ 82
123. 抢救雪崩遇难者的主要方法有哪些？ 82

主要参考文献 84

一、冰雪灾害的基础知识

1. 你知道冰雪是人类宝贵的资源吗？

冰雪是宝贵的淡水资源，全球 $3.5\times10m^3$ 的淡水储量中，冰川的多年积雪占 68.7%。冰雪资源是优质的淡水资源，随着世界人口的激增和工农业生产的发展，人们对水的需求量不断增加，供水与需水的矛盾日趋尖锐，冰雪资源已引起人们的关注。在北美的阿拉斯加、太平洋沿岸的喀斯特山、北部的落基山及欧洲的瑞士、奥地利等国家，冰雪资源是其工农业用水的主要水源。在我国，冰雪资源含水总量达 51 440 亿 m^3，每年的冰雪融水就有 560 亿 m^3，相当于黄河的天然年径流量，它主要用于农业用水。随着国民经济的发展，冰雪资源已成为我国西北地区工农业用水不可缺少的水资源之一。

冰雪资源是最具有特色的旅游产品，它集观光、健身、娱乐于一身，受到广大游客的青睐。游客可以看到北国风光，千里冰封，万里雪飘，纵情于白雪之间，体验冰雪旅游真谛，尽情享受冰情雪韵；在林海雪原间激情滑雪，尽享自由快感；在无垠的雪原冰湖上驾驭雪地摩托飞驰，体味北国银白世界的神韵；在辽阔的雪原上跨上骏马驰骋，乘狗爬犁感受游牧民族的生活情趣，饱览北国风光。

2. 什么是冰雪灾害？

冰雪灾害由冰川引起的灾害和降雪、积雪引起的雪灾两部分组成。包括冰雪洪水、冰川泥石流、冰湖溃决、河流冰凌与凌汛、海冰、暴风雪、风吹雪、雪崩等。冰雪灾害对工程设施、交通运输和人民生命财产造成直接破坏，是比较严重的气象灾害。如 1989 年末至 1990 年初，那曲地区形成大面积降雪，造成大量人畜伤亡，雪害造成的损失超过 4 亿元。1995 年 2 月中旬，藏北高原出现大面积强降雪，气温骤降，大范围地区的积雪在 200 毫米以上，个别地方厚 1.3 米。那曲地区 60 个乡、13 万余人和 287 万头牲畜受灾，其中有 906 人、14.3 万头牲畜被大雪围困，同时出现了冻伤人员、冻饿死牲畜等灾情。此外，在青藏、川藏和中尼公路上，每年也有大量由大雪堆积路面而造成的阻车断路现象。

图1　风吹雪

3. 我国冰雪灾害的时空分布

我国冰雪灾害种类多、分布广。东起渤海，西至帕米尔高原；南自高黎贡山，北抵漠河，在纵横数千公里的国土上，每年都受到不同程度冰雪灾害的危害。

我国雪灾空间分布的基本特征：一是分布比较集中，全国有399个雪灾县，集中分布在内蒙古、新疆、青海和西藏4省区。地域上形成3个雪灾多发区，即内蒙古大兴安岭以西、阴山以北的广大地区，新疆天山以北地区和青藏高原地区。二是全国存在着3个雪灾高频中心，即内蒙古锡林郭勒盟东乌珠穆沁旗、西乌珠穆沁旗、西苏旗、阿巴嘎等地区，新疆天山以北塔城、富蕴、阿勒泰、和布克塞尔、伊宁等地和青藏高原东北部巴颜喀拉山脉附近玉树、称多、囊谦、达日、甘德、玛沁一带。

4. 我国冰雪灾害的类型及分布

风吹雪：主要分布在天山、阿尔泰山、西藏东南部、滇北、燕山北麓、大兴安岭及长白山等地。

雪崩：主要分布在西藏高原边缘山区和天山、东北的长白山等中、高山地带。

冰湖溃决洪水：主要分布在喀喇昆仑山及喜马拉雅山中段、天山西段等地。

冰川泥石流：主要沿川藏公路、中尼公路以及天山的独库公路、中巴公路沿线。

江河冰凌：在黄河中游的河套地区及下游的利津一带以及东北松花江等，每年都会发生程度不同的冰凌、凌汛。

海冰：仅分布在渤海和黄海北部。

5. 我国冰雪灾害具有哪些特征？

(1) 我国冰雪灾害种类多、分布广：我国冰雪灾害东起渤海湾，西至帕米尔高原；南自高黎贡苫，北至漠河，每年都会受到冰雪灾害的危害。

(2) 危害方式常呈线状和斑点状，对交通运输线和河流流域直接形成威胁。

(3) 突发性：通常难以确切预报灾害发生时间，但灾害出现前有一定的预兆，据此可作预报和预警。

(4) 潜在性：随着山区经济建设迅速发展，道路、工矿建设增多，冰雪灾害也将日益增加。

(5) 冰雪灾害的发生具有季节性：除现代冰川区的冰崩、雪崩常年发生外，季节性积雪的风吹雪和雪崩主要发生在冬、春寒冷季节。而冰川湖溃决洪水和冰川泥石流主要发生在夏秋高温季节。

(6) 发生频率高：我国属季风大陆性气候，冬、春季天气、气候要素变率大，每年都可能发生冰雪灾害。雪、冰、冰川有关的灾害通常不太引人注目，但是，冰雪灾害地区累计的损失代价却相当大，就以新疆为例，每年用于防冰川洪水的经费少则数百万，多则数千万元。

(7) 时限性强：除了冰湖溃决洪水和冰川泥石流外，其他冰雪灾害均发生在秋末至次年初春之间。冰川湖溃决洪水和冰川泥石流主要发生在高温夏、秋季节。危害方式常呈线状和斑点状，对交通运输线和河流流域直接形成威胁。

(8) 受灾面广、危害严重：我国冰雪灾害多发生在经济基础较薄弱的西部少数民族地区，抗灾能力差，危害严重。

(9) 区域性：从总体上说，冰雪灾害山区多于平原，西部多于东部，北部多于南部，根据冰雪灾害的灾种及其危害程度，大致可将我国分成西北冰川湖突发洪水和雪崩、风吹雪危害区，西南冰碛湖溃决洪水、冰川泥石流、雪崩、风吹雪危害区，东北河冰冰塞和局部雪害区以及东南轻微或基本无冰雪灾害区。雪、冰、冰川有关的灾害通常不太引人注目，但是，冰雪灾害地区累计的损失代价却相当大，就以新疆为例，每年用于防冰川洪水的经费少则数百万元，多则数千万元。

6. 冰雪天气到来之前应注意哪些事项？

(1) 储备物品。冰雪天气到来前，家中应做好防寒保暖准备，储备足够的食物、水、燃料、御寒衣物及防冻药物等，尽量避免在天气恶劣时外出购物。山区、林区等边远地区的居民尤其应提前做好准备，以防大雪封山、封路等。

(2) 保护设施。加固棚架等易被雪压倒的临时搭建物和危旧房屋；不要待在不结实、不安全的建筑物内，防止房屋倒塌伤人。水管、冰箱可用草绳、布料等进行包扎、包裹，以防止其冻裂。

(3) 防御冻害。农牧区要备好粮草，将野外牲畜赶到圈里喂养；对农作物要采取防冻措施，防止作物受冻害。

(4) 调整行程。及时取消或调整出行计划，尽量避免在冰雪天长途外出。

(5) 保暖防冻，人员应注意保暖防冻，老弱病患者尤其应预防因气温骤降引发或加重呼吸道、心血管等方面的疾病。清扫积雪，主动清扫自家或单位附近道路和屋顶的积雪，或在道路上撒融雪剂，防止路面结冰。

(6) 防滑防晒。行人上路时应选择防滑性好的鞋，不宜穿高跟鞋、塑料鞋；尽量避免自行车外出；非机动车上路，应给轮胎少量放气，以增加轮胎与路面的摩擦力。

(7) 减速缓行，冰雪天气时尽量减少自驾车外出。机动车在冰雪路面上应减速慢行，并与前车保持距离；避免急转弯、急刹车。必要时

要安装防滑链，驾驶员戴色镜。

(8) 发生交通事故后，应及时在现场后方设置警示标志，以防连环撞车事故发生。

(9) 若被积雪围困，要尽快拨打 110、119 等报警电话求救。若发生断电事故，要及时报告电力部门。

7. 冰雪灾害有哪些预防措施？

冰雪灾害多发生在山区，一般对人身和工农业生产的直接影响不大。其最大危害是对公路交通运输造成影响，由此造成一系列的间接损失。

(1) 为防治冰雪融水对公路造成危害，主要是在沟内采取适当的拦挡措施，构筑混凝土坝、格栅坝等，可阻挡泥沙碎石出沟，被拦挡的物质堆积起来，固定沟坡，减少泥沙的侵蚀。

(2) 对经常淤积的桥涵进行适当的工程改造，扩大桥涵孔径，增加排泄能力。对于冰川泥石流的防治措施主要是在沟内采取拦挡措施，通过拦挡，消减泥石流对沟外设施的冲击破坏，使少量出沟的泥沙顺利排泄，减轻灾害。

(3) 在泥石流特别严重的沟内，还可设置拦坝，进行堵截。预防冰雪灾害措施关键是要在作好天气预报的基础上，预先采取防护措施，如疏导牲畜，转移牧民，采取一些保温防冻措施等。

(4) 对草场牧区、厂矿企业及道路交通等要进行全面规划，在设置上要布局合理，利于及时疏导转移。

8. 什么是冰雪洪水？

由冰川融水和积雪融水为主要补给来源所形成的洪水。以冰川融水为主要来源的称冰川洪水。以积雪融水为主要来源的称融雪洪水。高寒山区河流一般由冰川融水、积雪融水、雨水和地下水四种补给，称混合补给河流。单纯由冰川融水补给或单纯由积雪融水补给的河流很少见。冰雪洪水是季节性洪水。

其形成与气象条件密切相关，每年春季气温升高，积雪面积缩小，冰川冰裸露，冰川开始融化，沟谷内的流量不断增加；夏季，冰雪消融量急剧增加，形成夏季洪峰；进入秋季，消融减弱，洪峰衰减；冬季天寒地冻，消融终止，沟谷断流。

9. 冰雪洪水如何分布？

中国冰雪洪水主要分布在天山中段北坡的玛纳斯地区，天山西段南坡的木扎特河、台兰河、昆仑山喀拉喀什河、喀喇昆仑山叶尔羌河、祁连山西部的党河和喜马拉雅山北坡雅鲁藏布江部分支流。融雪洪水主要分布在新疆阿尔泰山和东北一些河流。前苏联高加索、中亚、欧洲阿尔卑斯山、北美西海岸山脉等也有冰雪洪水。

10. 冰雪洪水灾害及防御

冰雪洪水主要对公路造成灾害。在洪水期间冰雪融水携带大量泥沙，对沟口、桥梁等造成淤积，导致涵洞或桥下堵塞，形成洪水漫道，冲淤公路。一般对人身和工农业生产的直接影响不大。其最大危害是对公路交通运输造成影响。

11. 什么是冰川泥石流？

冰川消融使洪水挟带泥沙、碎石混合流体而形成的泥石流。青藏高原上的山系，山高谷深，地形陡峻，又是新构造活动频繁的地区，断裂构造纵横交错，岩石破碎，加之寒冻风化和冰川侵蚀，在高山河谷中不松散的泥沙、碎石丰富，为冰川泥石流的形成奠定了基础。在藏东南地区，冰川泥石流活动频繁，尤其在川藏公路沿线，危害极大。古乡沟位于波密县境内，是中国最著名的一条冰川泥石流沟。1953 年 9 月下旬，爆发了规模特大的冰川泥石流。此后，每年夏、秋季频频爆发，少则几次至十几次，多则几十次至百余次，且连续数十年，其规模之大，危害之剧，国内外罕见。

12. 冰川泥石流形成条件是什么？

地形陡，大量的冰碛、冰水沉积物和充沛的水量是形成冰川泥石流的主要条件。如中国西藏东南部古乡冰川谷中贮有 4 亿立方米的冰

碛，上部冰川和积雪区突然增加的消融水或冰湖溃决水，居高临下地冲蚀冰碛，形成1953年特大的古乡泥石流。据观测，触发泥石流的冰川融水比平时水量要大4～5倍，冰湖溃决水量常达100～1000万立方米。

13. 冰川泥石流如何分布?

中国冰川泥石流分布广泛，在东经102°以西的10多个山系中均有发育，大体分为3个区：

(1) 海洋性冰川泥石流区，包括念青唐古拉山南坡和横断山等冰川区。该区泥石流发生频繁、规模大，如古乡泥石流自1953年暴发以来迄今不断，最多的一年发生85次，最长的流动时间达63.5小时。

(2) 亚大陆性冰川泥石流区，包括喀喇昆仑山、阿尔泰山、天山西段和祁连山东部等冰川区。该区多冰湖溃决或突发性融水泥石流，有时规模较大。

(3) 极大陆性冰川泥石流区，包括青藏高原腹部、昆仑山、天山东部和祁连山西段等冰川区，泥石流分布零星、规模小。

14. 冰川泥石流有哪些类型?

(1) 冰雪融水型泥石流。由于急剧增温，冰川、积雪强烈消融洪水冲蚀冰碛物所形成，此类泥石流分布较普遍。

(2) 冰雪融水与降雨混合型泥石流。由降雨促进冰雪融化或直接供水所形成，在海洋性冰川和亚大陆性冰川区常见。

(3) 冰、雪崩消融型泥石流。由地震等引起的雪崩或冰崩消融所酿成。

(4) 冰湖溃决型泥石流。由冰川湖水量突增，或冰川末端冰内、冰下排水系统疏通以及雪崩落入导致溃决而产生。

15. 冰川泥石流有哪些危害?

冰川泥石流与一般洪水的区别是洪流中含有足够数量的泥沙石等固体碎屑物，其体积含量最少为15%，最高可达80%左右，因此比洪水更具有破坏力。冰川泥石流的主要危害是冲毁城镇、企事业单位、工厂、矿山、乡村，造成人畜伤亡，破坏房屋及其他工程设施，破坏农作物、林木及耕地。此外，泥石流有时也会淤塞河道，不但阻断航运，还可能引起水灾，甚至可直接埋没车站、铁路、公路，摧毁路基、桥涵等设施，致使交通中断，还可引起正在运行的火车、汽车颠覆，造成重大的人身伤亡事故。如秘鲁境内的科迪勒拉山区，自 20 世纪 70 年代以来已有 6 万人死于冰川泥石流。

16. 冰川泥石流有哪些主要预防措施？

冰川泥石流的形成需要三个基本条件：有陡峭便于集水集物的适当地形，上游堆积有丰富的松散固体物质，短期内有突然性的大量流水来源。所以，建议在山区进行城镇、公路、铁路、工厂及各种设施的建设前，开展泥石流调查与评价，避开在泥石流高发区建设。

对已选定的建设区和工程地段开展地质环境评价工作，采取必要的防治措施也可以预防泥石流灾害。开展对泥石流沟的监测、预警和群防工作，减少泥石流发生造成的人员伤亡。

对危害较大，有治理条件和治理经费的泥石流沟进行治理，或为处于泥石流危害区内的重要建设物布设防护工程。将处于泥石流规模大，又难以治理的泥石流危险区的人员和设施搬迁至安全地带。保护生态环境，预防新的泥石流灾害发生也是尤为重要。

17. 什么是凌汛及危害？

凌汛是冰凌对水流产生阻力而引起的江河水位明显上涨的现象。它是中纬度地区部分河流特有的一种现象，是河流重要的水文要素之一。我国的凌汛发生在秦岭—淮河以北的一些北方河流上。易发生凌汛河段主要有黄河的上游河套段，黑龙江的上中游段，及松花江的下游段。凌汛主要是由于受气温、水温、流量与河道形态等几方面因素的综合影响而形成的。凌汛可能引起堤防溃决，洪水泛滥成灾。

凌汛危害主要有三方面：

(1) 冰塞形成的洪水危害。通常发生在封冻期，持续时间较长，逐步抬高水位，对工程设施及人类有较大的危害。

(2) 冰坝引起的洪水危害。通常发生在解冻期。常发生在流向由南向北的纬度差较大的河段，形成速度快，冰坝形成后，冰坝上游水位骤涨，堤防溃决，洪水泛滥成灾。

(3) 冰的压力引起的建筑物损坏。

18. 黄河凌汛的成因是什么？

黄河河道自上而下近乎呈“几”字形，在宁夏至内蒙古河段、河南至山东河段为低纬度流向高纬度。因而黄河凌汛多发生在宁夏、内蒙古和山东河段。主要是受气温、水温、流量与河道形态等几方面因素的综合影响而形成的。

黄河凌汛通常发生在封冻期，持续时间较长，逐步抬高水位，对工程设施及人类有较大的危害。在解冻期冰块上涨水位骤涨也会引起洪水灾害。

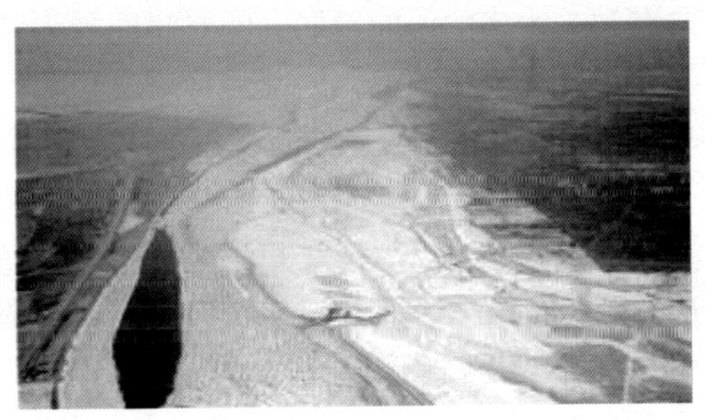

图2　黄河凌汛

19. 凌汛有哪些防御措施？

世界各国在高寒地区的河流都有冰凌危害，但冰凌危害有不同的种类，需要采取不同的防治措施。

(1) 建立健全各级防凌责任制。按照防凌汛要求，贯彻落实以行政首长为核心各级防凌负责制，并从队伍建设、物料储备、工程防护、凌汛观测、迁安救护及凌汛抢险等方面采取措施，安排有关人员值班，按照“领导、队伍、技术、方案、料物”五到位的要求，做好防凌准备。

（2）加强防凌抢险队伍的建设与培训。防凌队伍实行专业队伍和群众队伍相结合，军民联防。具体抓好冰凌观测队、巡堤（坝）查险队、迁安救护队、冰凌爆破队的建设。加强防凌技术培训，特别是冰凌爆破技术的培训，进行必要的爆破试验，并积极研究在严冬特殊情况下的抢险方法，提高防凌抢险能力。

（3）加强凌情观测及分析。凌情观测是防凌的依据，其目的是了解掌握全部冰凌、气象资料，研究冰凌的发展变化。

（4）实施涵闸分水分凌。措施主要是利用沿岸引黄涵闸处理河槽内多余的冰凌洪水，能有效地减少河道内的槽蓄水量，削减凌峰流量，调整河道流量，为平稳安全地开河创造有利条件。

要搞好所辖段内的涵闸检修及渠道清淤工作，封冻前要泄空渠道，以免渠道存水结冰，开河时卡凌。涵闸凌汛期引水要服从黄河防总的统一调度，在封河期要严格实行计划引水，保持适宜的河道流量，促使凌情向有利于防凌的方向发展。并对涵闸加大防守力度，必要时进行围堵。

（5）破除冰凌。破冰在历年的防凌斗争中发挥了很大作用。破冰措施主要有炸药爆破、人工打冰两种方式。其作用是疏导冰凌的下泄，减少冰凌堵塞，破碎盖面冰。在开河期破除重点河段的冰盖，为顺利开河创造有利条件，是黄河下游防凌破冰工作的基本工作内容。

（6）冰坝破除。冰坝的形成将大大减小河道排泄冰水的能力，使其上游水位急剧上涨，尤其是在较窄河道，会严重威胁堤防安全。因此，必须集中力量破除它。爆破前，准备一定数量的防凌机械设备和破冰工具，并且事先详细勘察封冰河段的河势，抓住开河前短时间内突击破冰。需要时可实测封冰横断面，全面掌握水深、冰厚、冰花厚、断面过流等情况，根据勘察情况，制定爆破计划。一般情况下，封冰达一定厚度时，才允许上冰进行爆破作业。且不宜在大风、大雪、大雾和夜间进行。但是，如果冰坝是在宽河道处形成的，在权衡利弊后可以不予破除，有利于下游河道安全开河。主要是采取人工爆破及大炮轰、飞机爆破等方法。

（7）冰凌冻结江河、湖泊、港口，影响航运交通，可采用破冰船破冰，或在港岸和船闸附近采用空气筛等防冻措施；可设法抬高渠道中

水位，促使形成冰盖，防止水内产生冰。

(8) 冰凌冻结各种泄水建筑物的闸门，影响启闭运用，一般采用加热或其他防冻措施。

(9) 冰凌撞击建筑物，防御措施，多采用建筑物局部加固或破碎大块流冰等措施。

(10) 冰盖膨胀时，会产生很大的膨胀力，增加建筑物的荷载，应在设计建筑物时考虑，也可在建筑物临水面设置表底水流交换器防冻，放浮筒，减少冰压力的传递等措施；

(11) 做好抢险和群众的迁安救护准备，确保凌汛安全。

各级河务部门要加强险工、控导、涵闸等工程的凌情、工情观测，发现险情及时抢护，及早做好滩区群众的迁安救护与救灾准备。

20. 你知道什么是雪灾吗？

雪灾也称白灾，是因长时间大量降雪造成大范围积雪成灾的自然现象。根据我国雪灾的形成条件、分布范围和表现形式，将雪灾分为雪崩、风吹雪灾害(风雪流)、暴风雪和牧区雪灾。降雪分为零星小雪、小雪、中雪、大雪、暴雪、大暴雪、特大暴雪 7 个等级。大多数降雪是无害的。只在一定条件下才能致灾。如 24 小时降雪量(融化成水)超过 10mm 便达到暴雪等级，气象部门会发布暴雪警报。

雪灾是全球主要气象灾害之一。仅 1947—1990 年期间造成全球的死亡数就达 1 万人。已成为严重制约我国内蒙古、新疆、青海和西藏四大主要牧区经济建设与牧业发展的重要原因。一场严重的暴风雪可造成上亿元的直接经济损失。如以西藏那曲地区为例，该地区仅 1990 年雪灾造成的牲畜死亡数就达总死亡数的 57.9%，雪灾主要发生在稳定积雪地区和不稳定积雪山区，偶尔出现在瞬时积雪地区。

中国牧区的雪灾主要发生在内蒙古草原、西北和青藏高原的部分地区。它是中国牧区常发生的一种畜牧气象灾害，是指天然草场降雪量过多和积雪过厚，雪层维持时间长，影响畜牧正常放牧活动的一种灾害。对畜牧业的危害，主要是积雪掩盖草场，且超过一定深度，有的积雪虽不深，但密度较大，或者雪面覆冰形成冰壳，牲畜难以扒开雪层吃草，造成饥饿，有时冰壳还易划破羊和马的蹄腕，造成冻伤，致使牲畜瘦弱，常常造成牧畜流产，仔畜成活率低，老弱幼畜饥寒交迫，死亡增多。同时还严重影响甚至破坏交通、通信、输电线路等生命线工程，对牧民的生命安全和生活造成威胁。

图3　雪灾影响交通运输

21. 你知道雪灾的指标是什么吗？

对历年降雪量和雪灾形成的关系进行比较，得出雪灾的指标。

轻雪灾：冬春降雪量相当于常年同期降雪量的120%以上。

中雪灾：冬春降雪量相当于常年同期降雪量的140%以上。

重雪灾：冬春降雪量相当于常年同期降雪量的160%以上。

雪灾的指标也可以用其他物理量来表示，诸如积雪深度、密度、温度等，不过上述指标的最大优点是使用简便，资料易于获得。

22. 你知道电视天气预报中雪的图形符号吗？

在收看电视天气预报时，电视画面中经常出现阵雪、雨夹雪、小雪、中雪、大雪、暴雪等图形符号，制作得生动有趣。这是中国气象局于1992年8月18日向全国气象部门发布的，以后又作了适当的修改。

雨夹雪：近地面气温略高于0摄氏度，雨和雪同时下降。

阵雪：降落时间短促，开始和终止都较突然的雪。

图4　电视天气预报中雪的符号

小雪：日降水量(融化成水)不足2.5毫米。

中雪：日降水量2.5～4.9毫米。

大雪：日降水量5.0～9.9毫米。

暴雪：日降水量达到或超过10毫米。

如果有降雪而没有形成积雪，一般称之为“零星小雪”；当24小时降雪量≥10.0毫米时，为“零星小雪”。天气预报中说的“小到中雪”指下雪时强度介于小到中雪之间，比小雪略大但又未达到中雪的标准；“中到大雪”，则指下雪的强度介于中雪到大雪之间，积雪深度达不到5厘米。有时，我们还可以听到“雨夹雪”的术语，指的是雪花和雨滴同时降落，或雪花降落过程中开始融化，形成半融化的雪；当然有时也有这种现象：天空一会下雨，一会下雪。

23. 雪灾成因是什么？

雪是一种较为常见的天气现象。冬天，当云中的温度变得足够低时，云中的小水滴就会冻结。冻结的小水滴撞到其他的小水滴时，就变成了雪。变成雪之后，会继续与其他小水滴或雪相撞。当这些雪变得足够大时，就会往下落。大多数降雪是无害的，但是如果降雪量过大，或者在反常的时间降雪就会造成灾害。

24. 雪灾防范与避险的一般须知有哪些？

平时应增强自我防范意识，采取多种方法和途径，有重点地学习掌握一些防范与避免雪灾危害的基础知识和基本技术，提高自护自救能力。

（1）早防备：适时跟踪灾害性天气预报信息，利用雪灾较长的预警期，加固房屋门窗设施、维修供暖供气设备、购储粮食、衣被、燃料、预置常用药品等，提前做好防寒、防冻、防滑、防病等准备，以减少雪灾对人员的危害。对常受雪灾的牧区牲畜，可以通过四个“加强”来减轻雪灾对牧区牲畜的危害。加强饲料饲草基地建设，储草备荒，这是预防雪灾对牲畜危害的根本措施。加强棚圈建设，使牲畜在积雪时有个安身之地，这是保证牲畜安全越冬的重要条件之一。加强牧区气象预报，使广大牧区能及时收听、收看到灾害性天气预报，以便做好各种防灾、抗灾准备。加强畜群结构调整。在各种牲畜中，马的采食能力最强，羊次之，牛最弱，根据这一特点，适当调整畜群结构，将各种牲畜混合采食，先放马，再放羊，后放牛，使各种牲畜都可采食。

（2）慎出行：雪灾发生后，路滑，一般不宜外出和远行。如确需外出时，不宜单个人员行动，尽量在白天选择行人较多的道路出行。出行时要穿戴好御冷衣物，配备必要的抗寒防冻药品。车辆出行应安装防滑链，通过被雪覆盖的复杂路段时，应注意辨明道路的位置及路况，防止选错路线。雪地行驶过久，易使驾驶员双目晕眩，应注意适当组织休息或替换。

（3）多联络：雪天人员到边远地区出行或执行救援任务，应携带可靠的通信联络手段，行动中应不断判定方位，熟记方位物，并保持不间断的通信联络，适时将自己行进的具体位置和通行情况告之对方。

（4）勤清扫：雪灾通常持续较长的时间，只要条件许可，就应利用铁锹、雪耙等简便工具，适时对有人居住的房屋、帐篷、工棚和主要通道及附近地区覆盖的积雪进行清扫，防止被积雪压塌和出行受阻。如在山地进行清扫积雪抢险作业时，应与山斜坡积雪保持适当距离，防止造成雪崩灾害。

25. 牧民防御白灾主要从哪些方面着手？

（1）建立饲料基地，储草备荒。

（2）加强棚圈建设，草场上可建设透光保温的棚圈。

(3) 给牲畜加喂精料，保膘。

(4) 及时清除栏圈内粪便，勤换、勤晒褥草，保持舍内清洁、干净、温暖。

(5) 在放牧转场途中，要利用避风向阳干燥的地形，垒筑防雪墙，也可建简易的接羔房。

(6) 注意收听和使用天气预报，当暴风雪来临前，将牲畜赶回棚圈，并适当采取防雨防寒措施。比如，关好棚圈门窗，地上铺干草，还可用被褥等盖在牲畜身上。

(7) 对病畜可根据病情分别进行及时治疗，以控制病畜全身感染。

图5　内蒙古牧区白灾

26. 雪灾应急要点有哪些?

(1) 及时除雪。雪灾之后要及时除雪融雪，这样是为了防止道路结冰，路面结冰给人们出行会带来很大不便。暴雪后要及时清扫路面积雪，或在道路上撒盐、炭灰等融雪物质，防止路面结冰。

(2) 防止生病。大雪过后，气温迅速下降，这时要做好防病工作，尤其是一些老年人和经常出门的人群。老年人的体制比较弱，气温的变化会引起他们身体的不适应，因此容易引发一些疾病，此时一些旧病也有可能复发、特别是气温骤降易使呼吸道、心血管等疾病加重，防病不可忽视。

(3) 非机动车驾驶员应给轮胎少量放气，增加轮胎与路面的摩擦力。冰雪天气行车应减速慢行，转弯时避免急转以防侧滑，踩刹车不要过急过死。

(4) 路过桥下、屋檐等处时，要迅速通过或绕道通过，以免建筑物上结冰凌因融化突然脱落伤人。

(5) 在道路上撒融雪剂，以防路面结冰；及时组织扫雪。在冰雪路面上行车，应安装防滑链，佩戴有色眼镜。

27. 降低雪灾损失的方法有哪些？

雪是伴随寒潮或冷空气侵袭而产生的，降雪过多就会引起雪灾。目前人类对雪灾的发生还无法控制，但是人们应该做好减轻或避免雪灾造成的危害。

(1) 雪灾发生时大都会伴有大风天气，大风中夹着大雪，这种雪灾的危害最为严重。因此为了更好地降低风速，种草植树，营造防风林带是行之有效的措施之一。

(2) 大力种草、植树，积极营造防风林带不仅可以增加地表覆盖率，还可以有效减少风力。且其效果还会随着防护林年龄的增长而不断增强。风力的有效降低，对减轻雪灾的危害有一定的效果，特别是对我国雪灾多发的牧区。

(3) 为了更好地降低暴风雪侵袭时带来的危害，还要做好建筑物的加固工作。雪灾多发区的房屋和基础设施建设都要注意建筑质量，这样才会减少暴风雪侵袭时房屋和一些基础设施倒塌，更好地保护人们的生命，有效降低雪灾损失。

图 6　2008 年中国华南地区百年一遇的雪灾

(4) 要努力做好暴风雪天气的预报，监测到有暴风雪的可能时要及时通知，以便做好相应的准备，减少损失。

28. 什么是暴风雪？

暴风雪是我国北方高寒地区常见的一种大自然形成的灾害。暴风雪的形成类似于与暴风雨相似。每逢冬春季节，在北方强冷空气暴发南下时，常会形成强降温和漫天飞雪的天气。当风速达到每小时56千米，温度降到－5℃以下，水平能见度小于1km，并有大量的雪时，暴风雪便形成了。暴风雪也称作“吹雪”或者“雪暴”。中国内蒙、东北、北疆地区各季多见，风向西北或偏北。

图7　暴风雪

29. 暴风雪给牧区带来的灾害

暴风雪是直接造成牧区牲畜伤亡和阻碍陆地交通的重要气象灾害。

一般来说，牲畜的抗寒力优于抗热力，但在暴风雪天气中，牲畜在极度寒冷的环境中，体热平衡遭到破坏，当体温下降到28－30℃左右时便会死亡。春季是牲畜体况最差的时期，冬天牧场的草已吃完，春天牧场的草还没长好，母畜又处于产羔阶段，遇到暴风雪天气，危害最大，对抵抗力弱、临界温度要求高的幼畜，则威胁更大。牲畜转场和越冬期间的暴风雪天气能见度差，牲畜无法采食，多受惊狂奔，掉入沟、坑和雪窝中被摔死、冻死、饿死；怀孕母畜在风雪中极易流产，特别是马受惊乱跑，易导致机械性流产。

30. 如何应对暴风雪突袭？

（1）应尽量待在室内，不要外出。如一定外出，身上一定要备足现钞，用于紧急情况下的不时之需，停电时，网络中断，银行 ATM 取款机或窗口会无法刷卡。

（2）如果在室外，要远离广告牌、临时搭建物和老树，避免砸伤。路过桥下、屋檐等处时，要小心观察或绕道通过，以免因冰凌融化脱落伤人。

（3）非机动车应给轮胎少量放气，以增加轮胎与路面的摩擦力。

（4）要听从交通民警指挥，服从交通疏导安排。

（5）注意收听天气预报和交通信息，避免由于机场、高速公路、轮渡码头等停航或封闭而耽误出行。

（6）出行的车辆最好装有 GPS 卫星定位系统，驾驶汽车时要慢速行驶并与前车保持距离。车辆拐弯前要提前减速，避免踩急刹车。汽车要安装防滑链，驾驶员要佩戴护目镜。

（7）如路途较近，尽量步行前往，最好与他人结伴相助同行。尽可能一气到达，不要停留，否则衣服潮湿人体温度会急剧下降，容易患病或体力不支再难上路。

（8）走在冰滑的路面上，可将鞋上各系上一根麻绳，则不再容易摔倒。

（9）机动车出现交通事故后 ，应在现场后方设置明显标志，以防连环撞车事故发生。

（10）千万不能在关闭车窗后发动车取暖。车内的一氧化碳浓度会逐渐增加，使车内人员在不知不觉中发生一氧化碳中毒，死亡将最后降临。

（11）室内使用燃气热水器时，门窗一定要保持通风良好，或加装换气扇防止煤气中毒。

（12）如果发生断电事故，要及时报告电力部门迅速处理。

31. 什么是风吹雪？

由气流挟带起分散的雪粒在近地面运行的多相流，又称风雪流，简称吹雪。风吹雪对自然积雪有重新分配作用。积雪在风力作用下，形成携带雪的气流，粒雪贴近地面随风飘逸，被称为低吹雪；大风吹袭时，积雪在原野上飘舞而起，出现雪雾弥漫、吹雪遮天的景象，被称为高吹雪；积雪伴随狂风起舞，急骤的风雪弥漫天空，使人难以辨清方向，甚至把人刮倒卷走，称为暴风雪。风吹雪会造成道路埋没，交通阻塞等灾害。风吹雪在全球分布广泛，出现频繁。

图8　风吹雪

32. 容易发生风吹雪灾害的地区

我国风吹雪主要集中在我国的北方地区，包括东北、内蒙古、新疆北部、青海、甘肃、宁夏以及陕西、山西、山东、河南和河北部分地区。风吹雪灾害地区约占我国总面积的55.2%。最早出现在每年的10～11月，主要集中在11月或12月；终止时间集中在12至次年4月。

33. 风吹雪防治有哪些主要措施？

（1）妥善规划设计交通线路。在积雪地区，特别是风吹雪严重的山区，如路道路线设计不当，则会造成很大的后患，给养护、运输工作带来困难。如，路线应尽量选择地处沿溪和山脊线，此处风力较大，不易积雪。路线应尽量最大可能设在阳坡，便于积雪后能够尽快融化。路线应尽量利用四面通风的开阔地。对于严重积雪的地段，必须避让。尽量使路线走向与风雪流的主导方向交角小于30°。在转弯处，平曲线半径应大于400米，以免形成旋涡。应尽可能将路堤迎风面的边坡加大，使之沿主导方向的坡度大于1∶4。路线纵坡要尽量小些，最小纵坡不宜大于7%，路拱不宜大于2%，弯道的超高横坡度小于4%。

（2）营造防雪林。在道路两侧营造防雪林，使风吹雪携带的雪粒在防雪林带及其附近堆积，它既能防雪害，又能绿化环境，为国家提供木材。防雪林和风吹雪方向垂直时防护效果最好，防雪林的走向应尽可能与风吹雪方向垂直。

编结防雪屏障。因地制宜、就地取材，利用当地的向日葵杆、树枝等编结而成。

（3）营造雪坝。利用已有的积雪修筑雪坝，达到“以雪治雪”的目的。这种方法是临时性的，应该注意残雪处理以及残雪对公路两侧农作物的影响。

（4）道路机械除雪。主要机械有除雪机、平地机、装卸机、推土机等。除雪时应尽量将积雪推至下风一侧，以防重复雪阻。

34. 什么是雪崩？

当山坡积雪内部的内聚力抗拒不了它所受到的重力拉引时，便向下滑动，引发积雪崩裂，人们把这种自然现象称雪崩。也有的地方把它叫做“雪塌方”“雪流沙”或“推山雪”。

雪崩是一种所有雪山都会有的地表冰雪迁移过程，它们不停地从山体高处借重力作用顺山坡向山下崩塌，一般12级的风速度为20m/s，而雪崩速度达到97m/s。崩塌具有突然性、运动速度快、破坏力大等特点。它能摧毁大片森林，掩埋房舍、交通线路、通信设施和车辆，甚至能堵截河流，发生临时性的涨水。同时，它还能引起山体滑坡、山崩和泥石流等可怕的自然现象。

图 9　雪崩现象

35. 造成雪崩的原因是什么？

造成雪崩的原因主要是山坡积雪太厚。积雪经阳光照射以后溶化，雪水渗入积雪和山坡之间，从而使积雪与地面的摩擦力减小；与此同时，积雪层在重力作用下，开始向下滑动。积雪大量滑动造成雪崩。此外，地震运行踩裂雪面也会导致积雪下滑造成雪崩。

图 10　雪崩塌的瞬间

36. 雪崩如何分类？

雪崩分湿雪崩（又称块雪崩）、干雪崩（又称粉雪崩）两种。它们的形成和发生有不同的地貌和气候条件。

湿雪崩：湿雪崩也许是最危险的，湿雪崩一般发生于一场降水以后数天，因表面雪层融化又渗入下层雪中并重新冻结，形成了“湿雪层”。在冬天或春天，下雪后温度会持续快速升高，这使新的湿雪层不可能很容易就吸附于密度更小的原有的冰雪上，于是便向下滑动，产生了雪崩。湿雪崩都是块状，速度较慢，重量大，质地密，在雪坡上像墨渍似的，越变越大。因此摧毁力也更强。这种块雪崩的形成区通常在坡度稍缓的雪坡上。因为陡坡上的松散雪崩完了，才会轮到相对的缓坡，发生块雪崩。它的下滑速度比空降雪崩更慢，沿途带起树木和岩石，一旦卷入块状的雪崩体中，就绝不会有像遇到干雪崩那样幸运了。而且它一旦停止下来会立即凝固，往往令抢救工作十分困难。

干雪崩：干雪崩夹带大量空气，因此它会像流体一样。这种雪崩速度极高，它们从高山上飞腾而下，转眼吞没一切，它们甚至在冲下山坡后再冲上对面的高坡。一般而言，大雪刚停，雪融化水又渗入下层雪中再形成冻结之前，这时的雪是“干”的，也是“粉”的。当发生雪崩时，气浪很大底层也容易生成气垫层。探险队遭遇此类雪崩时，人可以被裹入雪崩体中并随雪崩飞泻而下。

在高山探险遇到的危险中，雪崩造成的危害是最为经常、惨烈的，常常造成“全军覆没”。因雪崩遇难的人要占全部高山遇难的1/2～1/3。但是，探险者遭遇雪崩的地理位置不同，危险性也不一样。如果所遇雪崩处正是在雪崩的通过区，危险要小一些，如果被雪崩带到堆积区，生还的机率就很小了。

雪崩摧毁森林和度假胜地，也会给当地的旅游经济造成非常大的经济影响。

37. 如何应对雪崩灾害？

(1) 雪崩是自然地形与气候共同酿成的灾害，人类目前还无法不让聚集在峭壁陡坡上的积雪崩裂、塌落、下滑，因此只能在村庄建造、牧区帐篷搭建选址时注意安全，尽量与高山峻岭峭壁、陡坡保持足够的距离选地在开阔平坦的草场上。

(2) 建设固定的村庄、道路时，假如受到种种条件的限制而无法做到与山崖峭壁保持足够大的距离，可以仿效预防山体滑坡、泥石流灾害那样，建造阻挡高坡积雪冲击的防护或疏导工程。例如，在雪崩易发地区可能产生大量积雪崩裂塌落的地方，建造挡雪防护坝、挡雪墙体，以阻挡雪崩对村庄、道路以及人畜的致命冲击；当所修建的道路不得不通过雪崩多发地时，应该修建桥梁高架道路，让雪崩发生时大量塌落的积雪从桥下通过，从而避免高架路面上的交通遭受破坏。奥地利加尔蒂 1999 年大雪崩后，当地就建造了一堵长 360 米、高 7 米、厚 2 米的雪崩防护墙体，围在了阿尔卑斯山坡上，以便阻挡潜在雪崩塌落的积雪冲击加尔蒂小镇，有效地保障了当地人民的生命财产安全。

38. 雪崩急救措施有哪些？

(1) 不论发生哪一种情况，必须马上远离雪崩的路线。

(2) 判断当时形势。不要向山下跑，因冰雪也向山下崩落。下落雪崩的时速达到 200 公里。向山下跑反而危险，可能被冰雪埋住。

(3) 向旁边跑较为安全，这样，可以避开雪崩，或者能跑到较高的地方。

(4) 抛弃身上所有笨重物品，如背包，滑雪板，滑雪杖等。带着这些物件，倘若陷在雪中，活动起来会显得更加困难。

(5) 切勿用滑雪的办法逃生。不过，如处于雪崩路线的边缘，则可滑雪疾驶逃出险境。

(6) 如雪崩面积很大，离得很近时，已无法摆脱，可就近找掩体，如岩石等躲在其后；在无任何物可依时，身体前倾，双手捂脸以免冰雪涌入咽喉和肺引发窒息，也便于雪崩停后手部的活动。

(7) 抓紧山坡旁稳固的东西，如矗立的岩石之类。即使有一阵子陷入其中，但雪崩终究会结束，那时便可脱险了。

(8) 如果被雪崩冲下山坡，要尽力爬上雪堆表面，平躺，用爬行姿势在雪崩面的底部活动，休息时尽可能在身边造一个大的洞穴。在雪凝固前，试着到达表面。

(9) 被雪掩埋时，应冷静下来，让口水流出从而判断上下方，然后奋力向上挖掘。逆流而上时，要用双手挡住石头和冰块，但一定要设法爬上雪堆表面。

（10）如果不能从雪堆中爬出，要减少活动，放慢呼吸，节省体能。据奥地利英斯布鲁克大学最新研究报告，75%的人在被雪埋 35 分钟会死亡，被埋 130 分钟后幸存获救的只有 3%。

39. 你知道什么是暴雪吗？

暴雪是指 24 小时的降雪量（融化成水）超过 10mm 的降雪。根据中国气象局 2007 年 6 月发布的《气象灾害预警信号发布与传播办法》，暴雪灾害分为四个等级，按危害程度、紧急程度和发展态势，依次分为暴雪红色、橙色、黄色、蓝色警报。

40. 暴雪来临前应做哪些准备？

（1）关注气象部门关于暴雪的最新预警信息。

（2）做好道路清扫和积雪融化准备工作。

（3）暴雪来临前要减少外出活动，特别是尽可能减少车辆外出，并躲避到安全地方。

（4）机场、高速公路、轮渡码头可能会停航或封闭，要及时取消或调整出行计划。

（5）做好防寒保暖准备，储备足够的食物和水。

（6）不要停留在不结实不安全的建筑物内。

（7）农牧区要备好粮草，将野外牲畜赶到圈里喂养。

（8）对农作物要采取防冻措施，防止作物受冻害。

41. 野外暴雪突袭如何应对？

在野外遭遇暴风雪，要利用所有的衣服等防寒物品，躲到山崖下或山洞里避风寒。如果积雪较多，可就近建雪洞防寒，待天气转好时再走。要注意活动手脚并按摩脸部。暴风雪停后，在雪地上作好醒目的求救信号，尽力吸引别人注意，救援。

42. 你知道暴雪预警的有关规定吗？

(1) 气象主管机构负责本行政区域内预警信号发布、解除与传播的管理工作。其他有关部门按照职责配合气象主管机构做好预警信号发布与传播的有关工作。地方各级人民政府应当加强预警信号基础设施建设，建立畅通、有效的预警信息发布与传播渠道，扩大预警信息覆盖面，并组织有关部门建立气象灾害应急机制和系统。

(2) 学校、机场、港口、车站、高速公路、旅游景点等人口密集公共场所的管理单位应当设置或者利用电子显示装置及其他设施传播预警信号。

(3) 国家依法保护预警信号专用传播设施，任何组织或者个人不得侵占、损毁或者擅自移动。预警信号实行统一发布制度。各级气象主管机构所属的气象台站按照发布权限、业务流程发布预警信号，并指明气象灾害预警的区域。发布权限和业务流程由国务院气象主管机构另行制定。其他任何组织或者个人不得向社会发布预警信号。

43. 暴雪灾害应急要点有哪些？

(1) 防止生病。大雪过后，气温迅速下降，这时要做好防病工作，尤其是一些老年人和经常出门的人群。老年人的体质比较弱，气温的变化会引起他们身体的不适应，因此容易引发一些疾病，此时一些旧病也有可能复发，特别是气温骤降易使呼吸道、心血管等疾病加重，防病不可忽视。

(2) 及时除雪。雪灾之后要及时除雪、融雪，这样是为了防止道路结冰，路面结冰给人们出行会带来更大不便。另外，结冰以后也会利于除雪工作。暴雪后要及时清扫路面积雪，或在道路上撒融雪剂、炭灰等融雪物质，防止路面结冰。

44. 蓝色暴雪警报及其应对指南

气象部门发布蓝色暴雪警报标准：12 小时内降雪量将达 4 毫米以

上，或者已达4毫米以上且降雪持续，可能对交通或者农牧业有影响。政府及有关部门按照职责做好防雪灾和防冻准备工作。应对指南：

（1）行人注意防寒、防滑，驾驶人员小心驾驶，车辆应当采取防滑措施；

（2）交通、铁路、电力、通信等部门应当进行道路、铁路、线路巡查维护，做好道路清扫和积雪融化工作；

（3）农牧区和种养殖业要储备饲料，做好防雪灾和防冻准备；

（4）加固棚架等易被雪压的临时搭建物。

图11　蓝色暴雪警报信号

图12　黄色暴雪警报信号

45. 黄色暴雪警报及其应对指南

气象部门发布黄色暴雪警报标准：12小时内降雪量将达6毫米以上，或者已达6毫米以上且降雪持续，可能对交通或者农牧业有影响。应对指南：

（1）政府及相关部门按照职责落实防雪灾措施；

（2）交通、铁路、电力、通信等部门应当加强道路、铁路、线路巡查

维护，做好道路清扫和积雪融化工作；

(3) 行人注意防寒、防滑，驾驶人员小心驾驶，车辆应当采取防滑措施；

(4) 农牧区和种养殖业要备足饲料，做好防雪灾准备；

(5) 加固棚架等易被雪压的临时搭建物。

46. 橙色暴雪警报及其应对指南

气象部门发布蓝色暴雪警报标准：6 小时内降雪量将达 10 毫米以上，或者已达 10 毫米以上且降雪持续，可能或者已经对交通或者农牧业有较大影响。应对指南：

(1) 政府及相关部门按照职责做好防雪灾和防冻害的应急工作；

(2) 交通、铁路、电力、通信等部门应当加强道路、铁路、线路巡查维护，做好道路清扫和积雪融化工作；

(3) 减少不必要的户外活动；

(4) 加固棚架等易被雪压的临时搭建物，将户外牲畜赶入棚圈喂养。

图 13　橙色暴雪警报信号

47. 红色暴雪警报及其应对指南

气象部门发布蓝色暴雪警报标准：6 小时内降雪量将达 15 毫米以上，或已达 15 毫米以上且降雪持续，可能或者已经对交通或者农牧业有较大影响。应对指南：

(1) 政府及相关部门按照职责做好防雪灾和防冻害的应急和抢险工作；

(2) 必要时停课、停业(除特殊行业外)；
(3) 必要时，飞机停飞，火车暂停运行，高速公路暂时封闭；
(4) 做好牧区等救灾救济工作。

图 14　红色暴雪警报信号

48. 你知道在什么情况下发生道路结冰吗？

道路结冰是指降水(如雨、雪、冻雨，或雾滴等)碰到温度低于 0℃的地面而出现的积雪或结冰现象。通常包括冻结的残雪、凸凹的冰辙、雪融水或其他原因的道路积水在寒冷季节形成的坚硬冰层。

道路结冰容易发生在每年 11 月到次年 4 月(即冬季和早春)的一段时间内。我国北方地区，尤其是东北地区和内蒙古北部地区，常常出现道路结冰现象。而我国南方地区，降雪一般为"湿雪"，往往属于 0～4℃的混合态水，落地便成冰水浆糊状，一到夜间气温下降，就会凝固成大片冰块，只要当地冬季最低温度低于 0℃，就有可能出现道路结冰现象，只要温度不回升到足以使冰层解冻，就将一直坚如磐石。

一般来说，寒冬腊月，当出现大范围强冷空气活动引起气温下降的天气(气象上称为寒潮)时，如果伴有雨雪，最容易发生道路结冰现象。

49. 道路结冰警报如何发布？

道路结冰预警信号分三级，分别以黄色、橙色、红色表示。

当路表温度低于 0℃，出现降水，12 小时内可能出现对交通有影响的道路结冰时，气象部门将发布道路结冰黄色预警信号。此时，驾驶人员应当注意路况，安全行驶，行人尽量少外出，骑自行车注意防

滑;气象部门发布橙色预警信号时,表明路表温度低于0℃,出现降水,6小时内可能出现对交通有较大影响的道路结冰。此时,交通、公安等部门要按照职责做好道路结冰应急工作,驾驶人员必须采取防滑措施,慢速行驶,行人出门注意防滑;当发布红色预警信号时,表明2小时内可能出现或者已经出现对交通有很大影响的道路结冰。此时,交通、公安等部门注意指挥和疏导行驶车辆,必要时关闭结冰道路交通,人员尽量减少外出。

50. 如何获取道路结冰警报?

要提前知道道路结冰预警信息,有以下几种方法:拨打电话12121或向当地气象台咨询,也可以登陆气象网站查询。通过电视、广播、报纸、互联网、手机短信等获得结冰预警信息。还可以察看道路结冰预警信号警示装置,如警示牌、警示旗、警示灯等。

51. 道路结冰的危害及相关部门如何应对

出现道路结冰时,由于汽车车轮与路面摩擦作用大大减弱,车轮与路面摩擦作用大大减弱,容易打滑,刹不住车,造成交通事故。行人也容易滑倒,造成摔伤。多条高速公路将因道路积雪结冰封闭,民航机场因飞机跑道、停机坪大量积雪结冰而关闭,人员物资无法运送,对交通造成严重影响。

交通、公安、公用事业等部门和单位,要密切关注当地气象预报预警信息,一旦发现路表温度接近0℃,及时在路面上均匀地撒盐;路面积雪时,应组织人力及时清扫,或者喷洒融雪剂;若因道路积冰引起交通事故,应在事发现场设置明显的警示标志,以防事故再次发生;注意指挥和疏导行驶车辆,必要时关闭结冰道路。

52. 道路结冰黄色警报防御指南

气象部门发布道路结冰黄色预警标准:当路表温度低于0℃,出现降水,12小时内可能出现对交通有影响的道路结冰。防御指南:

(1) 交通、公安等部门要按照职责做好道路结冰应对准备工作;

(2) 道路结冰黄色预警驾驶人员应当注意路况，安全行驶；

(3) 外出尽量不骑自行车，注意防滑。

图 15 道路结冰黄色预警信号

53. 道路结冰黄色警报有哪些应对措施？

(1) 当发布道路结冰黄色预警信号时，交通、公安部门会根据道路结冰的程度和路面状况，科学合理地采取限速、限量和封闭措施，指挥和疏导行驶车辆；按照行业规定适时采取交通安全管制措施，如机场暂停飞机起降，高速公路暂时封闭等。同时，组织人力清扫路面。

(2) 如果发生事故，应当在事发现场设置明显标志。建议居民出行前，提前拨打 122 咨询高速路况，以便根据需要取消和调整出行计划。

(3) 道路结冰时，人们应尽量减少外出。如果必须骑自行车，同时要采取防寒保暖和防滑措施。步行时尽量不要穿硬底或光滑的鞋。

(4) 行人要注意远离或避让机动车和非机动车辆。老少体弱人员尽量减少外出，以免摔伤。非机动车应给轮胎少量放气，以增加轮胎与路面的摩擦力，防止滑倒。

54. 在道路结冰情况下驾驶人员应该如何驾驶机动车？

(1) 降低车速。按照公路可变情报显示板上预告的车速行驶，防止车辆侧滑，缩短制动距离。

(2) 加大行车间距。冰雪路面的行车间距应为干燥路面行车间距的两到三倍。

(3) 沿着前车车辙行驶，一般情况下不要超车、加速、急转弯或者

紧急制动。需要停车时提前采取措施，多用换挡，少用制动，防止各种原因造成的侧滑。

（4）在有冰雪的弯道或者坡道上行驶时，应提前减速。

（5）及时安装轮胎防滑链或换用雪地轮胎。

55. 道路结冰棕色警报及其应对措施

图 16　道路结冰棕色预警信号

气象部门发布道路结冰棕色预警标准：当路表温度低于 0℃，出现降水，6 小时内可能出现对交通有较大影响的道路结冰。应对措施：

（1）行人出门注意防滑；

（2）公安等部门注意指挥和疏导行使车辆；

（3）驾驶人员应采取防滑措施，听从指挥，慢速行使；其他同与道路结冰黄色预警指南相同。

图 17　工程车清除积雪

56. 道路结冰红色警报及其应对措施

气象部门发布道路结冰红色预警标准：当路表温度低于 0℃，出现降水，2 小时内可能出现或者已经出现对交通有很大影响的道路结冰。应对措施：

（1）政府及相关部门按照职责做好防雪灾和防冻害的应急和抢险工作；

（2）必要时停课、停业（除特殊行业外）；

（3）必要时公路交通暂停运行，高速公路暂时封闭；

（4）做好农林牧等救灾救济工作，尤其做好设施蔬菜的抢险救灾工作。

图 18 道路结冰红色预警信号

图 19 因暴雪公路交通暂停运行，北京某城市百万市民步行上班

57. 道路冰雪处治策略有哪些?

道路冰雪管理策略一般包括防止结冰策略;结冰后的除冰策略;机械除雪配合洒防滑剂;单纯的机械除雪策略。

(1) 防止结冰策略:根本目的是通过适时使用化学物质降低冰点,从而阻止路面与雨雪之间的冻结。当降雪量较大时,该方法需要与机械除雪配合使用。

(2) 结冰后的除冰策略:采用化学、机械或者两者并用使已经冻结的路面融化。除冰须用化学融雪材料。

(3) 机械除雪配合洒防滑剂策略:主要是通过在已经压实并与路面冻结的积雪表面洒防滑材料或者防滑材料和融雪剂的混合物。

(4) 单纯的机械除雪策略:这种方法通常只适用于空气温度特别低,比如低于−9℃以下的低等级道路。

58. 公路雪害防治方法有哪些?

(1) 营造防雪林。在公路两侧营造防雪林,使风吹雪携带的雪粒在防雪林带及其附近堆积,减轻和防治道路的雪害,是比较经济有效的方法。

(2) 建简易防雪杖。防雪林的防治效果虽好,但需要占地较多,而且也不是立刻就能见效的。实践中因地制宜、就地取材。一般利用当地产的玉米秆、树枝等编结而成,一般高度在 1.5～2m,距边沟 20m 以外设置,雪量较大时可连续设置多道防雪杖,效果会更好。

(3) 修建防雪堤坝。利用已有的积雪修筑防雪堤坝。在公路迎风一侧将积雪筑成 1.5～2m 高的防雪堤坝,防雪堤坝分段修筑,使其每段与主导风向垂直。

(4) 植物防雪。植物防雪,就是利用公路两侧植物防治风吹雪的简单方法。根据公路雪阻路段相对固定的特点,在春天播种季节,由公路管理部门与公路两侧农民协商,在雪阻路段两侧种植高棵作物,如玉米、高粱、向日葵等。待秋天收割时只收果实而不割倒秸秆。利用这些未收割的秸秆,形成植物防护带,使风吹雪受阻,从而达到防治风吹雪的目的。

（5）公路除雪。由于受地形等客观条件的限制，有些路段不能做到有效预防雪阻，因而每年仍有不同程度发生雪阻，因而公路除雪仍是冬季公路养护的主要任务之一。目前除雪方式以机械除雪为主，主要机械有除雪机、平地机、装卸机、推土机等。除雪时应尽量将积雪推至下风一侧，以防重复雪阻。

二、国外雪灾防御

59. 美国:应对雪灾基本对策是预先做好准备

美国是多雪灾的国家。各级政府应对雪灾的最基本对策是预先做好防御准备工作。

为有效应对雪灾,美国建有完善的雪灾预警系统,在暴风雪来临之前,便发出雪灾预警,预先做好防灾准备工作。

如 2005 年 12 月,一场特大暴风雪袭击美国东北部,气象部门早在 12 月 3 日,就通过报纸、电视、广播等媒体,发出警报。各级政府的公共交通、环卫部门紧急行动起来。新泽西州交通局准备了 1700 辆扫雪车,还准备了 15 万吨除雪剂,在暴风雪到来之前就在道路上撒除雪剂。清雪车不等雪停就开始清雪,以保证交通畅通。常见在大雪时,以时速 30~40 公里的大型清雪车在推出的雪浪中滚滚向前,车后尾随一长串汽车行驶,堪称壮观。在肯尼迪国际机场提前准备好扫雪设备,每小时可清除 500 吨积雪。各级政府还建议当地居民在暴风雪袭击之前,将汽车停放在远离主干道的场所,以便于扫雪人员迅速清理主要路面积雪。因人们早就做好准备,尽管暴风雪造成 15 万户停电,但未对交通及人们的生活造成很大影响。

美国应对雪灾法律先行,一些城市的相关法律规定,各家"自扫门前雪",必须在雪停后 4 个小时之内清除掉各自门前的积雪。否则初犯者将被罚 100 美元,假如一个冬季被罚三次,还将面临 90 天的监禁。若因没有及时清除门前积雪而导致有人在你家门前摔伤,医疗费则由你赔偿。在雪灾期间,如果把车辆停靠在主要街道阻碍交通,司机可面临 250 美元罚款,还得自掏腰包支付清障车的费用。

60. 日本:应对雪灾多管齐下

日本是海洋性气候,降雪丰沛,在北海道等北部地区冬季雪灾比较常见。日本应对雪灾采取多管齐下的措施,包括做好预警、依法确保道路畅通、修建防御雪灾的基础设施等。

为应对雪灾，日本早在 20 世纪 50 年代就出台了《雪寒法》，明确规定了各级政府应对雪灾的职责，规定政府要对雪灾采取三项措施，即对车道和人行道进行除雪作业、维护道路并修筑融雪槽、设置防雪崩护栏。

在日本多雪的地区，各级政府都建立了雪灾防范体制。在这种体制下，公共交通部门、媒体、志愿者等通常会提前作好防灾准备。此外，日本还有民间组织“雪灾对策联络协议会”，该组织通过网站，交流信息，促进各地的防雪灾工作。

日本气象厅的雪灾预报以日报、周报和季节性预报为主，并视天气过程发展情况，随时发出警报，各地方政府在收到警报后，会组织防灾抗灾，提醒居民提前做好应对准备。

日本东北地区在冬季经常会出现大范围强降雪，为了避免房顶积雪过多导致房屋倒塌，很多居民都将房顶设计成大坡度，便于积雪滑落。有的家庭还在房顶安装了融雪装置，通上电后房顶会加热，积雪随之融化。

为应对雪灾，在北海道当地政府定时出动扫雪车，保证交通干道的畅通；司机为确保交通安全，会配备防滑链。而在日本南部，降雪也会造成问题。因为下雪即化，继而就可能结冰，成为交通安全隐患，日本人为此研制出实用有效的除冰车。为路面防滑，更实用的方法是在公路上下坡的地方备放融雪剂，免费供人们使用。

日本还研制了机器人除雪。机器人用 GPS 导航系统控制方向和运转，机身上安装有摄像头，可有效除雪。

图 20　日本除雪机器人

冰雪可以成灾，也可以成宝。在降雪较多的北部地区，将积雪集中到一起，堆成约 5 米高的人造雪山，然后在人造雪山底部挖一个融雪槽，将收集的融雪通过交换系统与附近大厦的制冷装置连接，作为制冷资源加以利用。利用 1 吨雪制冷，相当于节约 10 升石油，少排放约 30 公斤二氧化碳。

61. 德国：应对雪灾经验丰富

德国冬季常常冰雪不断，长期以来德国在应对雪灾，以及灾后重建方面积累了不少经验，值得借鉴。

早在 20 世纪 90 年代初，德国就已建立起完善的雪灾预警和应对体系。联邦和各州成立了由气象、电力、交通等部门组成的雪灾防御中心，对雪灾进行监测和预警。此外，德国民间也有提供雪灾应急服务及扫雪服务的商业公司，在出现雪灾时为民众提供服务。

德国是一个汽车大国，仅私家轿车的保有量就超过了 5000 万辆。德国的交通法规定，在下雪时，如果车主将车辆停靠在主要街道两旁而导致交通受阻，那么就将面临数百欧元的罚款，同时还得自掏腰包支付清障车的费用。此外，德国各州都有大雪过后清扫道路的法规。

除了市区机动车道路的清雪外，德国法律对城市人行道的雪后清雪也有具体规定。11 月 15 日到 3 月 15 日为“冬季时间”，房主需要准备雪铲、扫雪车等清雪工具，义务清扫房屋附近的人行道，否则将受到相应处罚。人行道清扫的时间和方式，法律也有详细的规定。比如柏林市规定在早上 7 时至晚上 8 时，下雪后的人行道必须立即清扫，而在周日或节假日可延后 2 个小时清扫。法律甚至还规定，居民在清扫时只能使用扫雪工具，禁止使用融雪剂，以免对道路旁的青草和树木造成伤害。如果自家门前雪在规定的时间内没有及时清扫，就将面临少则几十欧元、多则高达 1 万欧元的罚款。若因房主没有扫雪而致使他人在自家门口摔倒，要负法律责任并承担“受害者”的医疗费用。

除了对道路雪后清扫有严格要求外，德国城市管理者还把雪后驾驶安全的责任落实到每个司机身上。如果你要在德国学开车拿驾照，要经过严格驾车训练，这包括实地冰上驾驶训练、冰雪天刹车距离计算等一整套内容。此外，所有的汽车在冬天到来之前必须换上专用的

"冬季轮胎"，这种轮胎的纹路和厚度更适合在冰雪地上驾驶。德国人普遍的驾驶常识还包括，车主需要在汽车内备有急救包、换洗衣服、靴子、帽子、手套、不易坏的食品、水、手电筒及应急药品等一系列的安全工具，以备发生重大雪灾时使用。

德国还在灾后重建方面积累了丰富的经验。在德国，这项工作最高协调部门是公民保护与灾害救治办公室，隶属于联邦内政部。在雪灾发生后，消防队、警察、联邦国防军以及志愿组织等各司其职、通力合作，最大限度地减少雪害所造成的损失。在公民保护与救灾办公室的统一指挥下，不同的机构按照预案有着专门的分工，分别承担着重建基础设施、恢复煤电以及保障灾区食物、饮水、药品供应等工作。与此同时，政府也在防灾重建方面提供必要的物质和资金保障。

德国普通民众的防雪灾意识也很强。民众从孩提时代就接受安全教育，许多小学都开设专门的课程教育孩子如何应对大雪等各种自然灾害。这样，民众在应对雪灾时就不再单纯处于等待救援的被动状态，而知道如何进行自救和相互救助，减轻了政府的负担。

62. 法国：早期预警，成效显著

法国常常遭受雪灾，其应对雪灾能力相对成熟。首先，加强早期预警，对雪灾风险进行确认、评估和监测。

法国政府早在 1995 年就颁布了"95/101 法"，雪灾预防性原则成为该法案的最基本原则。

法国雪灾风险管理体系由三方面构成：一是风险预防方面，由生态与可持续发展部负责制定风险预防规划；二是公众安全方面，由国家紧急事务办公室负责灾后救援工作；三是灾害损失补偿方面，财政部与商业部起主要作用，只对投保的财产进行补偿。

2003 年 1 月初，法国各地气温骤降，大雪过后路面结冰造成局部地区公路交通瘫痪。在部分拥堵路段，车辆甚至排起长达 60 公里的长队，很多人被困在路上无法回家。对严重的雪灾，气象部门实时更新"气象安全图"，及时向有关部门和公众通报灾情以及可能造成的后果，并建议政府采取应对措施。除通过互联网外，气象部门还通过电话应答和电子查询系统自动播出危险警告，并向报纸、广播、电视等媒

体及时发布警报。在接到气象部门发出的警报后，相关部门会自动进入警戒状态，采取应对措施，成效显著。

法国政府还规定，各地需要设立气象灾害应急接待中心，建立紧急食品供应机制，以便保证灾民的基本食宿供应。

法国还有成熟的灾害保险制度。1982 年 7 月 13 日，法国国会正式通过“自然灾害保险补偿制度”。居民可以对自己的不动产购买保险，这样雪灾等气象灾害来临时可由保险公司承担赔偿责任，减轻了国家在自然灾害中的责任。

63. 加拿大：清理积雪各负其责

加拿大一年中有半年以上是冬季，冬季漫长且多雪。各级政府设有常设清雪机构，形成了一套较为高效和系统的“斗雪之道”。

在加拿大，清理道路积雪，保障道路畅通，各级政府各负其责。其中联邦政府负责“国道”；省政府负责辖区内高速路；市政府负责市内道路积雪清理。各级政府每年都有专门的清雪预算。据统计，加拿大全国每年清雪费用高达 10 亿加元（约合人民币 71.7 亿元）。各级政府也都有专门的年度清雪预算。各省市都常设清雪机构，与私人清雪公司协作防雪灾。

为把雪灾的影响降到最低，气象部门每天分时段公布各地市详细的天气预报，还提供未来一周的每日天气预报，并及时发布暴风雪等极端天气警报。各省市都设有免费的实时路况信息热线。电台和电视台一般是每隔半小时播报一次当地天气和路况情况。各省市也都把清雪的预算、作业程序和标准以及投诉电话等公布在其官方网站上，供公众监督。

加拿大清雪基本靠机械化作业，每个城市都配有系统的清雪设备，如铲雪车、融雪车、清雪机、运雪车和除冰车等。不同的地方用不同的工具，人行道用手推清雪机，停车场用履带式小铲车，城区公路用轮式推雪车，郊区公路用大铲车。

加拿大清雪不仅有轻重缓急之分，还有时间要求。最优先清理的道路是高速公路和城市主干道，其次是高速公路辅路、公交路线和有坡路段，最后是其他街道。高速公路和主干道的积雪，一般要求在雪停后 2 小时至 4 小时完成，高速公路辅路和公交线则在雪停后 4 小时至 6 小时，其他道路最迟不能超过雪停后 24 小时。专门人员从每年 12 月到次年 3 月都会紧密跟踪天气预报，并在所辖范围内 24 小时巡逻，实时监控路况，一遇紧急情况，启动相应应急预案。

各级政府有专门法律，要求居民把自己家门口的人行道雪铲净，在法定时间内如果不清雪，政府清雪工程队将出动清雪，但费用全由业主承担。根据法律，私宅门前人行道若有路人摔伤，治疗费由私宅户主负责。

各级政府还常常通过多种方式向公众介绍防范冰雪天气的知识和技巧，如：雪天换用防滑胎；跑长途时，及时查看天气预报和路况、合理安排旅程；汽车内要常备水、急救药物、防冻液、小桶汽油、雪铲和小包装的沙子、手电筒和打火机等；若有暴风雪预报，尽量少开私家车，多坐公交车，并储备 48 小时用的食物、药品和饮用水等。

64. 俄罗斯：应对雪灾措施完善

俄罗斯地处寒带，因此经常会遇到持续大雪等极端天气，大雪封路、机场停运甚至房屋倒塌等情况并不鲜见。由于长期和这种大雪“作斗争”，俄罗斯也积累了一套比较完善的应对措施。可概括为：早准备、勤清理、快处理。

早准备：以莫斯科市为例，每年秋季，市政各部门便开始了相关的准备工作，如检验汽车，储备融雪剂等。“有车族”们也会在每年第一场雪来临之前及时更换冬季轮胎，以应对即将到来的冰雪天气。

勤清理：市政工作人员会根据降雪量和降雪时间选择何时开始清理，往往在雪没停之前便开始清扫工作，有时甚至是半夜也能见到工作人员在路上清理积雪。

快处理：将马路上的积雪扫到路边并不意味着扫雪工作的结束，只有将这些积雪迅速处理才不会影响交通。因此在扫雪车过后，会有专用车辆将路边积雪收集起来，再由卡车运走。俄罗斯还十分重视借助科技的力量“人工驱雪”，即通过向云层喷洒化学物质来驱散城市上空形成雪的云团，将降雪“驱赶”到郊区，以减少市区的降雪量，减轻大雪给市政基础设施造成的压力和给居民生活带来的不便。

65. 英国：以灾害性天气预警为工作重点

英国气象局将“全国灾害性天气预警服务”作为工作为重点，通过电视台、电台等媒体，提供暴雪等灾害性天气预警。

铁路一直是英国重要的交通工具。在下雪时，英国备有特制的清雪火车，车头前部的大轮盘可将铁轨上的积雪卷起，扬出铁路之外。在行进时，清雪火车可以达到普通火车的正常时速，而且经常一路鸣笛示警，看上去像一条银龙在雪原上开辟出道路。由于清雪火车及时清雪，铁路部门几乎不会取消正常班次，也不会停运。

66. 芬兰：即时除雪

芬兰地处北极圈附近，冬季漫长，常常大雪纷飞，如果不及时清除路面积雪，经车辆反复辗轧后会结冰，带来交通安全隐患。芬兰政府要求“即时除雪”，保证道路畅通。芬兰目前共有 300 多个公路气象监测站。这些监测站每隔一两分钟便自动记录气温、风力、降雨和降雪量以及路况数据，并将其传到数据库中。各地的公路气象中心则结合卫星云图、气象雷达等提供的信息随时发布各地区天气和路况预报。在大雪到来之前和降雪时，做好撒盐融雪、撒砂防滑以及机械除雪等工作。

67. 挪威：机场“一条龙”清雪

挪威机场应对大雪的高超是“一条龙”清雪。龙头是刮冰车，铲掉跑道上的融雪薄冰，然后是扫雪车，将跑道冰雪扫干净，最后撒防滑剂。只需 15 分钟，“一条龙”便可完成跑道清雪及安全测试。自使用“一条龙”设备后，挪威机场基本没有因冰雪而封闭机场跑道。

68. 瑞士：以防雪崩为重点

瑞士是世界著名滑雪胜地，也是雪崩频发的地方。为此瑞士境内不少滑雪场都设立防护、监控及警报系统。位于达沃斯的瑞士联邦冰雪和雪崩研究所是世界上仅有的两家专门研究所之一。这个研究所在阿尔卑斯山地区设立多个远程自动观测站，站内配备测量风速、积雪厚度和温度的仪器。观测站收集到的数字传送到达沃斯之后，研究所进行分析，每天两次向公众发布雪崩预警报告。

瑞士一家体育公司向滑雪爱好者推出名为“生命包”的气囊滑雪服，类似救生衣。遇到雪崩时，使用者拉下自动充气装置拉绳，气囊开始充气，为使用者提供头部保护，保证使用者在随崩塌的积雪下落时不发生翻滚，头部始终向上。这样可以避免使用者头部受猛烈撞击而昏迷。据统计，雪崩遇难者中约20%死于昏迷。这一整套气囊重3公斤，颜色鲜艳，便于救援搜寻。一旦被埋在雪下，气囊中储存的约150升空气可作氧气补给，延长使用者存活时间。

69. 国外应对雪灾的启示与借鉴

雪灾是长时间大量降雪造成大范围积雪成灾的自然现象。每年都会袭击美国、日本、德国、法国、俄罗斯、加拿大、英国、挪威等许多国家，在雪灾面前，如何应对、减少灾害损失已经成为各国面临的共同挑战。减少灾害损失已经成为各国面临的共同挑战。各国与我国虽然国情不同，经济条件和发展基础也有很大的差异，但在斗风雪方面存在着诸多共同点，对我国应有所裨益。参考上述国家的做法，结合国情，应建立必要的应对雪灾制度，完善机制架构，提高全民应对雪灾意识，先从以下方面做起。

(1) 官民携手应对雪灾。如加拿大清理道路积雪，各级政府各负其责。其中联邦政府负责“国道”；省政府负责辖区内高速公路；市政府负责市内道路积雪清理。加拿大、美国、德国均规定各家“各扫门前雪”，借鉴上述国家的做法，官民携手应对雪灾。

(2) 建立完善的雪灾预警系统。预警系统是应对雪灾的基础。美国、德国等国建有完善的雪灾预警系统，如2005年11月，德国普降大雪，虽然受灾范围很广，但损失却不大。这归功于德国完善的雪灾预报系统。我国雪灾预警还不够精细，应进一步完善雪灾预警系统。

(3) 建立完备的雪灾防范体制。上述国家也经常遭遇大雪袭击，但是他们已经发展出一套成熟的防范机制。因此，雪灾并不会造成太大损失。如2005年12月美国东北部暴雪尽管造成15万户停电，但由

于人们早就做好准备，家中储藏了防寒物资，因此并未对人们生活造成很大影响。我国应进一步完善雪灾防范体制。

(4) 依法防治雪灾，违者严惩。为防治雪灾日本早在 20 世纪 50 年代就出台了《雪寒法》，明确规定了各级政府应对雪灾的职责。法国政府也在 1995 年就颁布了防治雪灾的“95/101 法”；为防“雪后大堵车”，德国相关法律规定，如果大雪后车主敢把车辆停靠在主要街道两旁阻碍交通的，就将面临数百欧元罚款，同时还得自掏腰包支付拖车费用。在美国一些城市，市政府要求房主必须在雪停后的第二天中午前把自家门前雪清扫干净，否则初犯者将被罚 100 美元，如果一个冬季被罚三次，还将面临 90 天的监禁。我国应建立、健全应对雪灾的法律、法规，依法应对雪灾，违者严惩。

(5) 加强应对雪灾的宣传、教育。美国、德国、加拿大等国都十分重视提高全民的防范雪灾意识。在小学开设专门的防灾课程，教育孩子如何应对包括雪灾在内的各种气象灾害，如何进行自救和互助。

(6) 加强应对应雪灾的国际合作与交流。如何应对雪灾是许多国家面临的共同课题，应加强双边、多边的国际合作与交流，借鉴各国的经验，促进我国雪灾防御工作。

(7) 借鉴日本等国的做法，将冰雪作为水资源、制冷资源、旅游资源等进一步加以利用。

三、我国雪灾防御

70. 我国政府应对雪灾的主要措施

(1) 国家成立应急指挥中心。国务院成立了煤电油运和抢险抗灾应急指挥中心，负责及时掌握有关方面的综合情况，统筹协调煤电油运和抢险抗灾中跨部门、跨行业、跨地区的工作。应急指挥中心成员单位有23个，应急指挥中心办公室设在发展改革委员会。

(2) “保交通”措施。受灾地区人民政府和铁路、交通、民航、公安、通信等部门启动应急预案，组织广大职工群众以及人民解放军、武警官兵、公安民警上路破冰除雪，采取多种措施畅通交通干线，疏导滞留车辆，救助滞留旅客。

(3) “保供电”措施。灾情发生后，各有关省(区、市)人民政府和国家电网公司及时启动电网大面积停电应急预案，在全国范围紧急抽调技术力量抢修受损设施，并采取调集柴油发电机(车)临时供电等措施；产煤省(区)加强煤炭企业组织生产，保证煤炭调出；铁路、交通部门突击抢运电煤；中国石油天然气集团公司、中国石油化工集团公司克服困难，千方百计保证成品油供应。

(4) “保民生”措施。民政部、商务部及灾区各级人民政府迅速调拨发放救灾物资，妥善救助受灾群众和铁路、公路滞留人员。中央和地方财政部门及时安排和预拨各项救灾资金；各级卫生部门及时派出医疗、防疫、卫生监督队伍救治伤病人员和受灾群众；建设部门加强对城镇受损基础设施修复工作；农业部门加强对抗灾救灾的技术指导和服务，及时调度救灾种子和急需物资；林业部门进行保树保苗，抢救被困的林业职工；商务、粮食部门投放储备肉和粮食、食用植物油，加强蔬菜产销衔接；供销社系统积极组织麻袋、草袋等抗灾物资和农村生活必需品的购销调运工作；交通、物价、财政部门减免鲜活农产品道路通行费和运销环节收费，加强市场价格监管。

(5) 抢险抗灾对内对外宣传报道方面措施。在中央宣传部、新闻办的统一组织下，中央各主要媒体、重点新闻网站、各地方的新闻单位

坚持正面引导，报道各地区、各部门抢险抗灾进展情况和在第一线涌现出的先进人物和模范事迹，进一步增强全国人民夺取抢险抗灾全面胜利的信心。

71. 麦田减轻冰雪灾害的主要措施

(1) 清沟排渍。要及时做好受冻麦田的清沟排渍工作，以养护根系，增强其吸收养分的能力，保证叶片恢复生长、新分蘖的发生及其成穗所需要的养分。

(2) 及时追肥，促进小分蘖迅速生长。主茎和大分蘖已经冻死的麦田，分两次追肥。第一次在田间解冻后即每亩追施尿素10公斤，开沟施入；缺磷的地块可将尿素和磷酸二铵混合施用。

(3) 做好纹枯病和吸浆虫的监测与防治工作，加强预测预报，最大限度减轻病虫损失。

(4) 加强中后期肥水管理，防止早衰。受冻小麦植株体的养分消耗较多，后期容易早衰，在春季第一次追肥的基础上，应根据麦苗生长发育状况，在拔节期或挑旗期可喷施广大麦金玉，以增强小麦的光合作用，抗御干热风，促使穗大粒多。

72. 减轻蔬菜冰雪灾害主要措施

(1) 露地蔬菜管理。要加强对菠菜、普通白菜、莴苣、小白菜、菜薹等露地蔬菜田间管理，及时清沟排水，天晴后及时中耕除草，加强病虫害防治和肥水管理，及时采收上市。露地栽培的茄果类蔬菜秧苗冻死后，要在灾后抓紧时间采用大棚或日光温室电热线温床快速育苗，有条件的地方要集约化育苗，缩短苗期，争取尽快补种。

(2) 蔬菜育苗管理。大棚育苗要增设白炽灯、火炉或电炉等增温保苗；小棚育苗，应覆盖草帘，为防止草帘被雨雪打湿降低保温效果，还应加盖防雨膜。小棚不宜用烟剂防治病虫害。此外，为了增加蔬菜供应量，受灾地区近期应在日光温室、大棚里生产豌豆、绿豆、黄豆、萝卜、荞麦等芽苗菜；北方日光温室蔬菜主产区应加强防寒保温、肥水管理、病虫害防治等，延长采收期。

73. 大棚种植应如何应对雪灾？

(1) 在风雪到来之前应及时修补塑料薄膜上的破洞。

(2) 将塑料薄膜与地面相接的边缘用土压实。

(3) 在大棚北面用农作物杆堆成防风屏蔽，抵挡寒风。

(4) 在大棚上盖上草帘，也可起到保温作用。

(5) 可将装有热水的桶放在大棚内，以此提高大棚内的温度。

(6) 对积雪较厚的大棚及时清扫。

(7) 及时加固对大棚的支撑，防止大棚倒塌。

(8) 加盖地膜或小拱棚，以增加地温和植株生长小环境温度，提高抗寒能力。

(9) 大棚顶部建造不要太缓，避免在雪天增加棚顶的压力。

图 21　大棚雪灾

74. 蔬菜遭受雪灾如何及时补种？

雪灾后菜农应及时整田抢种、补种。

(1) 茄果类，如番茄、辣椒、茄子等。要及时清理死苗，保持苗床干燥、通风、透光，防止气温回升后，因潮湿引发的立枯病、灰霉病等苗期疾病。如发病，可选用杀毒环、速克宁等防治。苗情差的要及时补种。

(2) 瓜类，如甜瓜、黄瓜、瓠子等。苗期病防治与茄果类同，目前仅西葫芦还可补播，应选用温棚育苗。

(3) 十字花科，如大白菜、甘蓝等。受冻害的要及时抢收清理，没

受冻害的要清沟排渍除老叶，施用多菌灵等防病害。还可补种苋菜、竹叶菜等速生叶菜，但应在竹架中棚中直播；春萝卜棚、地均可直播，春大白菜应在大棚育苗；豆类蔬菜应在2月下旬至3月下旬正常播种。

75. 畜牧业暴雪防灾措施有哪些？

（1）加大饲草料调剂力度。在继续做好饲草调运、调剂的基础上，各地组成抗灾工作组，帮助农牧民算好草料帐，对现有饲草，要精喂。帮助农区牧区结对子对口支援，动员农区支援牧区，轻灾区支援重灾区，采取以畜换草等方式，确保现有大小畜饲草供应。

（2）千方百计调集救助物资，改善棚圈保温性能，加强饲养管理。将进入严冬，降水量也随时间的推移会增加，并且陆续进入小畜产仔旺季，要确保基础母畜，仔畜安全过冬。做好保胎工作，把母畜流产率降到最低限度，提高仔畜成活率。要加强瘦弱牲畜管理，特别是防止寒潮来袭牲畜上垛压死和夜间产仔冻死，最大程度减少灾害损失。

（3）加强对抗灾保畜工作的领导，做好部门值班值宿和干部包村包户，组织所有相关人员深入现场指导帮助抗灾及时解决问题。

（4）及早为农牧民协调贷款，增加资金投入。尽管入冬以来雪灾影响的范围不大，但随着低温的来临及持续，牲畜膘情逐渐下降。加之产仔数的增加，畜均贮草会逐渐下降，草畜矛盾会日渐突出。由于降雪导致牧区交通不畅，草料运输难度会愈来愈大，量愈来愈多，所需抗灾资金增多，要提前安排抗灾保畜贷款，帮助受灾农牧民妥善安排并顺利恢复生产。

76. 减轻果树冰雪灾害主要技术有哪些？

（1）加强果园的田间管理，做好培土、提早施肥、树体捆扎保温等预防工作；幼年果园，在上述措施基础上，还要采取覆盖稻草保温的措施；育苗圃则要采取全园覆盖稻草和薄膜的保温措施。有条件的地区，夜晚温度低时，可以熏烟防止霜冻危害。

（2）对已被大雪覆盖的果园，要尽快采取措施清除树枝上的积雪，防止积雪压劈压断树枝，加重受害程度。在清理积雪时，要注意避免对树体造成二次损伤。有条件的果园，在清除树体、树盘积雪后，应尽快用稻草包扎树干和覆盖树盘来保温；对育苗圃，清除积雪后，要全园覆盖稻草和薄膜。对尚未采摘的晚熟果园，要及时清除果面积雪和薄冰，防止果面冻伤，并尽快组织人力采收，减轻损失。

（3）适时适度修剪。对受冻的柑橘树，在气温稳定回升后，小伤摘叶、中伤剪枝、大伤锯掉粗干；对枝干完好，枯叶未落的，尽早进行人工辅助脱叶；对冻伤痕迹明显的枝修剪。对冻死果树，要尽快刨除，补栽新苗。

（4）加强土肥水管理。气温稳定回升后，对受冻后柑园及时进行一次中耕松土；对受冻较轻的柑橘园，及时施用春季萌芽肥，用尿素进行2～3次萌芽期根外追肥；对冻害发生较重的柑橘园，宜勤施薄施。及时防治病虫害。如受冻后发生树脂病、炭疽病等病害，及时选用春雷霉素、多菌灵、甲基硫菌灵等进行防治。

（5）适当控制花量。受冻后落叶多的柑橘树，在春季开花前，剪短成花枝；在第二次生理落果结束后，对挂果较多的植株应及时修剪，减少树体负担。

77. 冰雪灾害对海水养殖业造成的损害

（1）冰雪灾害对海参的影响。冬季水温降到3℃以下时，海参进入冬眠状态。由于冬春季持续低温、频繁降雪促使冰层加厚，形成池塘透光差的乌冰，池中氧气补充不足。3月辽东湾从冰盛期转入融冰期，融冰产生的淡水会造成盐度的急剧变化，如果采取的措施不妥当，将会直接影响海参的生存，进而加剧病害的蔓延。

（2）冰雪灾害对滩涂贝类损害非常严重。由于冰期长、冰层厚，造成海冰层层叠加，与滩涂表面的泥沙层冻结，冻结了贝类赖以保温的泥沙层，导致大量贝类裸露冻死。

78. 鱼类越冬有哪些温室抗冰雪减灾技术？

（1）及时扫除积雪防止温室、大棚倒塌，确保人员、养殖鱼类和养殖设施安全，确保养殖品种安全越冬。

（2）加固修复设施。对压塌的生产设施及时修复，对压弯的钢架大棚等要增加支撑，确保不再变形，尽快补棚膜换。

（3）对设施养殖鱼类加强供热保温。采取保温措施，可通过增加内保温层的方法用双层塑料薄膜加强温室保温效果；增加加热板等辅助电加热设施以提高水温。

（4）增强增氧效果，避免缺氧和水质恶化造成鱼类窒息死亡。

（5）抓紧捕捞上市，避免因雪灾造成过多损失。

79. 雪灾之后如何预防动物疫情发生？

各级动物检疫机构要切实履行检疫职责，严格执法，确保病死畜禽不出场、不出户。严防病死畜禽流入市场。严格执行对病（冻）死畜禽采取不准宰杀、不准食用、不准出售、不准转运的有关规定；必须进行无害化处理。

除了清扫、冲刷、洗擦、日晒、焚烧、堆积发酵等物理消毒和生物学消毒方法以外，化学消毒应用最为广泛。用新鲜石灰水消毒场地，粉刷棚圈墙壁、桩柱等；草木灰水适用于棚圈、用具和器械等消毒；用烧碱溶液消毒棚圈、场地、用具和车辆等，用过氧乙酸溶液可喷雾消毒棚圈、场地、墙壁、用具、车船及粪便等。

80. 如何防治电网覆冰灾害？

（1）输电线路路径宜避开高山风口、林区。在冬季，高山风口由于地理位置特殊，气温更低，风也较大，更易在导线上形成积冰。在南方林区，由于树木增长很快，有时线路巡线员没能及时发现，在有些树木覆冰或积雪时，树木承受不了所受重量时，就会倒向输电线路，造成电网塔（杆）倾倒，断线。

（2）提高电网规划设计质量。在电网规划设计阶段要进行广泛的调查研究，搞清楚电网经过区域历史上出现过的覆冰灾害状况，确定正确的抗御覆冰灾害的标准。国家电网公司 2008 年 3 月 1 日宣布，将调整电网设计、建设的企业标准，以提高电网抗覆冰能力。

81. 城市道路交通应如何应对雪灾？

各地应启动扫雪防滑应急预案，组织道路融雪和客运工作。雪灾预警信号分三级，分别以黄色、橙色、红色表示。当有关部门接到雪灾黄色预警信号时，说明12小时内可能出现对交通有影响的雪灾，交通部门应做好道路融雪准备；而橙色预警信号，说明6小时内可能出现对交通有较大影响的降雪，相关部门应做好道路清扫和积雪融化的工作；红色预警信号，说明2个小时内可能出现对交通有很大影响的降雪或持续降雪，相关部门必要时封闭道路交通。铲雪车、撒沙车可有效降低暴雪带来的不良影响。

图22 因雪灾高速公路堵塞

82. 雪灾对航空安全有哪些影响？

冬季对航空安全影响最大的天气是降雪和冻雨。雨雪天气会导致飞机表面结冰。飞机从地面飞到8000米甚至过万米高空时，时间不超过半小时，有的甚至是十几分钟。雨雪天气时，空气中含有大量的冷凝水，飞机从机场起飞时，这些冷凝水会附着在飞机表面。当飞机爬升到高空时，由于高空大气温度远远低于0℃，所以附着在飞机表面的水就变成了冰，冰层就会越来越厚。结冰以后机翼会有一定形变，而且这种变化是无固定规律可循的，所以结冰后飞机的操控就会失效，因失去升力而招致事故。虽然现代飞机自身搭载除冰系统，但系统只是维持偶然进入结冰气象条件而工作，而并非适用在极端天气的长时间飞行下使用。

中国民航总局规定，任何飞机都不能带冰、雪、霜起飞。

83. 冰雪天气航空运输有哪些应对措施？

强降雪时段能见度下降影响飞机起降，机场跑道结冰也影响飞机起降，机身结冰影响飞行安全，卫星天线、雷达天线覆冰后会影响性能、容易断裂等。强降雪天气要暂时关闭机场，停止起降，及时清除跑道积雪积冰，保证飞机起降安全。强降雪天气飞机尽量入库，不要露天停放，露天停放的飞机要及时除雪除冰，及时清除卫星天线、无线电天线和雷达天线上的积雪积冰，保证设备完好，保证通信质量和数据采集传输质量等。

84. 冰雪天气铁路运输有哪些应对措施？

电气化铁路的供电接触网因电线结冰造成接触不好会导致拉弧放电，严重时甚至烧断输电线路、电线结冰过厚时容易压断输电线路、场站道岔冻结影响发车；铁轨结冰打滑影响行车、站台积雪积冰后旅客容易滑倒。冰雪天气应及时抢修受损的供电接触网，有必要时可临时调度内燃机车，保证铁路运输正常运行，及时清除道岔积雪积冰，防止冻结，及时清除铁轨结冰，保证行车安全，及时清除站台上的积雪积冰。

85. 小学校应对暴雪天气有哪些措施？

（1）增强防范暴雪天气责任感。把做好暴雪天气下学校安全工作作为当前的重要任务来抓，进一步落实各项安全工作责任制，明确相关人员职责，层层抓落实。对校舍、食堂、电气线路等容易遭受暴雪天气灾害袭击的领域进行重点检查，对发现的安全隐患立即进行整改。

（2）加强值班值守工作。确保信息畅通。严格落实教师值班和领导带班制度，增强校园护卫、检查的力度和密度。对教学楼、学生宿舍和食堂等重点安全部位进行巡逻，一旦发现险情，立即启动学校安全应急预案，确保校园安全。班主任做好学生的出勤记录，及时掌握学生到校情况及未到校原因。学生不能正常到校上课的，应及时通知学校老师，办好请假手续，如遇特殊情况可以暂时口头请假，回校再补办请假手续。住校学生请假离校需由家长来接走，并办好请假手续。

（3）及时与学生家长取得联系，做好寄宿学生的防寒保暖工作。各班主任结合本班实际情况，及时与寄宿学生家长取得联系，要求家长为学生送衣服、鞋子被子等生活用品，做好寄宿学生的防寒保暖工作。

（4）加强教育，提高学生应对暴雪天气的安全意识。对学生进行专题应对恶劣天气的安全教育，增强安全意识，提高自救能力，特别注意上放学期间的交通安全，防止发生交通事故。教育学生注意防寒保暖，教育学生玩雪要适度，防止摔伤。严禁学生在楼道内玩雪，严禁把雪带到教室，严禁在玻璃窗附近打雪仗。教育学生暴雪天气注意防滑、防烫伤、防火、防流感。教育学生注意防止交通事故。

四、冰雪灾害如何避险自救互救

86. 你知道雪地遇险有哪些生存办法吗？

(1) 被困在冰天雪地中该怎么办？首先要学会建造防风御寒的雪屋。最简单可行的办法是在地上摊上大片的树枝，然后往上铺雪并压实，最好在树枝外层放上一层兽皮或帆布，雪铺好压实，1 小时后拆去树枝，雪屋即告落成。一般来说，一旦遇上了暴风雪而暂时又得不到营救，就应立即搭成这种简单的避险所。在雪屋内适当烤火取暖是可以的，但必须防止一氧化碳中毒。

(2) 在严寒地带还要特别注意防止冻伤，要保持四肢干燥。不要用雪、酒精、煤油或汽油擦冻伤了的肢体。切记不要吃雪，雪吃得越多越渴，由于雪水中缺少矿物质，因而即使是烧开了喝，也会引起腹胀或腹泻。可用雪水做菜汤。饥饿时可捕捉动物充饥，尤其是冬眠的动物，捕捉较为容易。

(3) 如果你被困在城市的汽车里，那就待在里面。在电池不被用完的前提下，每小时发动马达十分钟可以提供足够的热量。窗户可适时开一会儿，以避免一氧化碳中毒。不要在车内点燃东西取暖。间歇性地打开你的车灯并鸣笛，以便确保救援人员能够看到你。在汽车的天线上系一条颜色鲜艳的布作为遇险信号。城市中救援人员应当来得很快，到晚上的时候，如果可能，把车灯打开，以便救援人员发现你。

87. 发生雪灾怎样应急救援？

雪灾的应急救援分为空运救援和地面救援两个方面。

空运救援：

当受灾地区有可供飞机起飞、降落的飞行条件时，即可组织运输机、直升机空投物资，或利用直升机营救危急人员脱离险境。空运救援应注意把握以下五个环节。

(1) 了解掌握灾情。采取各种方法，准确掌握飞行区域的气象情况，尤其是重灾区和被困人员的具体位置及有关重点部位的地理坐标。

（2）精选飞行员和航线。根据空运任务、气象变化和人员装备情况，选择技术过硬的飞行员担任空运任务，选定气象条件较好的航线作为空运飞行的主航线，并预定好备用航线。

（3）清除机场积雪。如起飞和降落机场有积雪时，应提前组织力量清除机场积雪，做好飞机起飞和降落的有关准备。清除积雪常用的有机械除雪和融化除雪两种办法。机械除雪主要是使用推土机、旋转式扫雪机等。

（4）空投实施时，必须与灾区政府或被困点加强联系，确定好空投粮食、衣物、燃料的地点、数量和地面标志，明确有关协同事项，周密组织导航和物资投放。

（5）空运实施时，必须事先与灾区联系商定降落点，明确好实施空运的时间和地面停机标志，共同组织好人员营救和物资运送的前期准备工作，确保空运顺利实施。

地面救援：

灾区范围广，被困人员多，粮食、燃料、药品急需量大，组织人力和机械车辆救援能够达成目的时，即可实施地面救援。其组织程序及行动要点是排障清路、运送物资、解救人员。

（1）排障清路。主要派出先遣专业力量，携带相应的排障器材，先于大部队行动，担负勘察行进道路、标明开进路线、清除通行障碍、设置调整点和休息点等任务。当遇到冰冻坚硬的堆积物障碍时，可采取人工爆破法清除；当遇到山地大面积雪崩时，应采取迂回绕道的办法通过；当遇到桥梁塌损时，迅速组织架设简易桥梁；当遇到路基坍塌时及时抢修。

（2）运送物资。这是雪灾救援的主要任务。组织车辆运送物资，应编队按开辟和标示的路线开进，车与车的距离要适当扩大，通信保障和车辆维修技术保障人员应随车进行保障工作，并加强沿途的调整和指挥。将物资运送到转运点后，应及时派出先遣组与灾区地方政府取得联系，介绍物资的种类、数量以及后续物资到达的时间，积极协助地方搞好物资的防护和管理。如需要将物资运送到灾民时，应向地方了解掌握灾民的位置、数量、受灾程度、道路状况以及民族风俗等，将物资运送到位。

88. 暴风雪天气安全注意事项有哪些?

(1) 大家尽量待在室内,不要外出。

(2) 如果在室外,要远离广告牌、临时搭建物和老树,避免砸伤。路过桥下、屋檐等处时,要小心观察或绕道通过,以免因建筑物上的冰凌融化脱落伤人。

(3) 非机动车应给轮胎少量放气,以增加轮胎与路面的摩擦力防止滑倒。

(4) 要听从交通民警指挥,服从交通疏导安排。

(5) 注意收听天气预报和交通信息,避免机场、高速公路、轮渡码头等停航或封闭而耽误出行。

(6) 驾驶汽车时要慢速行驶并与前车保持距离。车辆拐弯前要提前减速,避免踩急刹车。有条件要安装防滑链,佩戴护目镜。

(7) 出现交通事故后,应在现场后方设置明显标志,以防连环撞车事故发生。

(8) 如果发生断电事故,要及时报告电力部门迅速处理。

89. 面对雪灾如何防止慌乱?

(1) 镇静:雪灾时不幸身陷拥挤的人流之中,一定要时刻保持镇静,不要乱喊乱叫,造成混乱。

(2) 服从:听从事故现场管理人员的指挥调度,配合指挥人员缓解拥挤,避免踩踏事故。

(3) 避让:如果发觉拥挤的人群潮水般涌来,应该马上避到一旁,千万不要加入和尾随;拥挤中,如果发现一旁有坚固物体应紧紧抱住,以等待时机脱险。

(4) 防护:如果身不由己被裹入拥挤的人群时,要伸出力量较大的那只手臂,用手掌轻触前面那个人的后背,将另一只手握住撑出的那只手的手腕,双臂用力为自己撑开胸前的空间,用小步,稳定重心的随人流移动,不要试图超越别人。

(5) 保护:如果陷入极度的拥挤之中,为防止造成窒息,要尽力在胸前保持一定的空间,应做双臂交叉,双手握住上手臂平抬在胸前的自我保护动作，并尽量坚持到情况发生好转。

(6) 迅速站起来：万一被挤倒或绊倒，一方面要大声呼喊寻求周围人员的救助，另一方面要尽快站起来。

(7) 危机时刻的球状保护：如果摔倒局面失去控制，没有办法站立起来，就应侧身蜷曲，双膝并拢贴于胸前，十指交叉双手扣颈，双臂护头。

(8) 团结互助：注意保管好自己的钱财物品，与朋友好友呆在一起，防止被抢被盗，发扬团结互助精神，及时向你周围的人告知一些紧急自救的小常识，提供力所能及的帮助。

90. 在野外遭遇雪灾怎样发出求救信号？

在野外发生雪灾危险后，利用电话及以下方法迅速向有关部门报告遭遇灾情并请求救助。

(1) 光信号：白天用镜子借助阳光，向求救方向，如向空中的救援飞机反射间断的光信号；夜晚用手电筒向求救方向不断地发射求救信号。

(2) 声响求救：采取大声喊叫、吹响哨子或猛击脸盆等方法，向周围发出声响求救信号。

(3) 砌成“SOS”字样：在山坡上用石头、树枝或衣服等物品堆成“SOS”或其他求救字样，字母越大越好。SOS为国际通用求救符号。

(4) 点火：白天，可燃烧潮湿的植物，形成浓烟；三堆火堆是国际间共同认可的遇险求救信号。火堆应尽可能大而明显。摆放地面信号以吸引注意。夜间，可以燃烧干柴求救。

(5) 颜色求救：穿着颜色鲜艳的衣服，戴一顶鲜艳的帽子；或者摇动色彩鲜艳的物品，如彩旗、用色彩鲜艳的布包裹的棒子等，向周围发出求救信号。

总之，利用你身边一切可利用的事物去吸引别人的注意力，当人们发现你的那一刻，你就成功了。

91. 如何在野外雪地搭建避寒场所？

(1) 进入寒区和雪地之前，应随身带有防水火柴、蜡烛、太阳镜、搭

窝棚用的防水布。

（2）以最快的速度建一个窝棚或雪洞御寒。

（3）搭建时应考虑选择最佳安全地点。千万不可将窝棚搭在有可能发生雪崩的地方。

（4）应选择有大树覆盖下的山脊上。

（5）选择平地，点火加热食物和求救。

（6）应避开崖壁的背风处，因为在这种地形，风很快会吹起大量的雪，将帐篷埋没。

（7）在雪层较薄的地方，应先将架设点的雪扫净，在雪层较深的地方，应将雪压实压平。如果暂时不移动，应在雪中挖坑埋设帐篷，可以更好地抵御寒风。

（8）在开阔地上设帐篷，在迎风面设置一道雪墙用来御寒，也便于生火做饭。

92. 雪天在江河湖面上滑冰时应注意什么？如何互救？

冬季许多朋友热爱滑冰运动，但是如果室外温度不是很低，湖面所结的冰层虽然看起来很坚硬，但厚度不够，如果贸然滑冰、嬉戏，可能会出现危险，须多加注意，自救互救要领如下。

（1）有些江河湖面并非全部结冰，特别是湖心、江心，终年不结冰，因此滑冰时应格外注意。冰层至少要到13～15厘米厚，才比较安全。

（2）发现冰面上有开裂现象时，要马上离开。

（3）不在非正规的滑冰场所滑冰。

（4）初春时节中国大部分地区温度回升，冰层的厚度可能变薄，滑冰不安全。

（5）如果春季有新的降雪或降雨，反而可能会对现有的冰层产生破坏。

93. 遭遇雪灾如何避难？

（1）接到有雪灾发生的信息时，应该准备充足人、畜越冬粮食或饲料，准备充足衣物，药品等。

（2）准备充足燃料，如干草、柴禾、煤炭，有条件时准备液化燃料。

（3）衣着准备，以轻暖不透风为宜。注意多听天气预报，及时了解天气变化。

（4）如在野外突遇雪灾，最要紧的是要预防冻伤。首先要准备好避难场所。比如加固好帐篷，或建造窝棚，但要注意选择好地点，应建在大树下或山脊上，如建在雪崩会经过的地方，则是非常危险的。也可以挖雪洞藏身。理想的雪洞应该选择垂直的雪峰来建造，可以直接在上面掏洞，顶部留 0.6～0.9 米作洞顶，可能的话，还要用树枝、石块等进行加固、支撑。雪洞的入口不能封上，而且在入口处和洞顶处还应该做上明显的标志，一旦有意外，以便援救人员能够判断出你所在的位置。

（5）尽快生火取暖。准备充足的燃料，选择一块平地，清除周围的积雪，将火点燃烧旺。但要注意避开低垂的树枝，以免上面融化的雪水滴于火上，将火浇灭。

（6）要穿上干燥的衣服，并把衣服的袖口、领子、腰部等处扎紧，但不应过紧。用可以利用的所有东西，如尼龙薄膜等来御寒。衣服湿了，一定要烤干再穿。要尽量活动身体的各个部位，比如揉一揉脸，抚一抚耳朵，伸一伸手指和脚趾，站起来蹦一蹦等，但一定要注意，活动身体时不能太剧烈，以免出汗，冻伤。

（7）食品是维持生命的必需品，携带的食品要注意有节制的食用。如果携带品中能有巧克力、核桃仁、葡萄干等富含糖分的食物最好。

（8）如果饮食、保暖等措施很完善，体力也恢复到一定程度，可以钻到睡袋里睡上一觉；否则，要采取各种措施，抵御睡魔的袭击，不论多疲劳，也不能睡着，以免再也醒不过来。

（9）在采取各种求生措施时，一定要注意保持自己的体力，不要盲目地消耗精力或者把自己弄得浑身是汗。衣服潮湿，会很快失去绝缘特性，几小时内，人就会被冻僵的。

（10）不论感觉多么寒冷，也不能过于靠近篝火，否则，温差过大，反而会造成机体损害，要尽量使体温自然恢复。

（11）被雪灾阻在野外，还应该注意预防雪盲，带上护目镜；或者用一块稀疏的墨布条遮住眼睛；或者用纸片、木片、布条等制成简易裂孔

护目镜；或者将眼睛以下的鼻部和脸部涂黑也有预防的效果。

(12) 在帐篷、雪洞外活动时，还应该注意不要被太阳的紫外线辐射灼伤。如果备有防晒膏，要涂在身体暴露的部位上；如没有可以采取其他方法防晒，如带顶自制简易遮阳帽等。

(13) 如遇险或迷路，及时与外面联系，白天可用鲜艳的衣物或红旗、夜晚可点火发出求救信号。

94. 雪天突然发病如何自救?

(1) 脚踝扭伤：扭伤后首先须判断伤势，如果活动时疼痛并不剧烈，可勉强持重站立或走路，而且疼痛部位不在骨头而在筋肉上的话，大多是扭伤。一般在扭伤发生后的 24 小时内，需采取冷敷；24 小时后可采取热敷和涂抹药膏活血化瘀。如果伤情严重，还需及时就医。

(2) 脑溢血和心肌梗塞：雪后气温骤降时往往是心脑血管病高发期。特别是老年人往往存在动脉硬化症状，当冷空气来袭，血管便会收缩，造成血管阻力加大及血压上升，心脏负担加重，增加脑溢血和心肌梗塞发作的机会。而且冬季天气干燥，呼吸会消耗大量水分，血液黏度增加，容易形成血栓，因此脑梗塞和心肌梗塞发作的机会增大。老年人外出要注意头颈部的保暖，出门戴上帽子、围巾。早晨醒来后，也不要急于起床，建议放慢起床速度，可先在床上仰卧、活动一下四肢和头颈部，再慢慢坐起，避免头晕，血压波动太大。

(3) 体温过低：春节之前，在火车站滞留的旅客因长时间寒冷、疲劳、饥饿常出现体温过低。体温过低多表现为行为烦躁，一阵好动后接着嗜睡，反应迟钝，对于一些问题和指导不能应付，突然出现难以控制的颤栗，行动不协调，头痛，视觉模糊，腹痛，瘫倒，昏迷，失去知觉。这往往是一缓慢的过程，因而不易被发现。衣服浸湿又伴有大风、低温环境伴有大风、身体损伤不能运动、损伤引起身体产热能力降低、心情焦急不定、压力大、身体瘦弱等因素，还会加重病情。体温过低的预防措施主要是防止体热的大量散失，其次是提高肌体对寒冷的适应能力。发现体温过低要及时处理，防止身体热量进一步散发，置身室内，避风；脱去潮湿的衣服，换上干衣。不要让病人躺在地面，要采取保暖措施，如用身体或温热岩石暖和病人。病人清醒时，让其饮用热饮料，食用含糖食品。体温过低加重时，身体就难以再次自我加热，因此须从体外加热。体外快速加热会促使冰冷的血液流入体内，进一步加重病情。可将热体放在以下部位：腰背部，胃部，腋窝，后颈，腕部，裆部，这些部位血流接近体表，可以携带热量进入体内。

(4) 冻伤：雪天脚出汗以后，易发生冻伤。硬而紧的鞋子妨碍脚部的血液循环，也易发生冻伤。当脚趾有麻木感时，出现冻伤预兆，可做踏步运动，以促进血液循环。要尽量减少皮肤暴露部位，对易于发生冻疮的部位，有必要经常活动或按摩。避免接触导热快的物品。如金属与赤手或雪与臀部的接触，可使热量加速丧失，引起局部冻伤。

(5) 出现急症应立即向旁人求救。如果发现家人或旁人发生意外突然昏厥，一定要首先呼救或拨打120，同时采用心肺复苏知识进行急救。尽量不要搬动病人，如果有出血情况，用干净纱布压住伤口止血。

95. 部队如何防范避险雪灾？

(1) 跟踪掌握灾情：适时预测分析灾害性天气发展趋势，加强与地方有关部门之间的联系，跟踪掌握雪灾动态，力争准确地掌握降雪强度、范围、时间、灾情及对部队行动带来的影响。

(2) 完善应急措施：根据部队外出执行任务和天气变化等情况，研究制定部队防范与避免雪灾危害的应急方案，完善指挥、通信、车辆和医疗、卫生、油料、生活等各项应急保障措施，为应急处置灾情提供保证。

(3) 适时调整部署：根据灾情的可能变化，适时组织部队及时撤离和避开暴雪区和雪崩区，并设立警示标志，划定部队临时部署区域，确保部署安全。

(4) 集中统一调度：成立部队抗雪救灾指挥小组，集中控制和调度部队人员、车辆和装备器材，统一指挥部队防范避险行动，防止单个或少量人员擅自行动带来意外危险和危害。

(5) 加强伴随保障部队外出执行任务，应加强通信联络和后勤、装备伴随保障，成立随队后勤、卫生、汽修等保障小组，应配备汽油炉、高压锅、干粮、卧具，保障救灾部队的生活、防疫和车辆修理。如遂行空投、空运救援任务，还必须加强地面引导保障，密切空地协同，确保空

运安全顺利。

96. 部队如何解救雪灾受灾人员？

(1) 解救受困人员。雪灾发生后，地处偏远的人员因长时间被暴风雪和困扰，陷入危境，必须设法将受困人员救出。主要方法有：

寻找。徒步寻找时，应尽量按建制单位编组，加强一定数量的医护和通信人员，严禁单个人员行动。行动时可请地方熟悉情况的人当向导，并备足带齐生活物资和必需的救护器材。行进中应随时判定方位，熟记行进路线，保持不间断的通信联络。使用直升机寻找时，应认真搞好空地协同。

救治。被大雪围困而陷入困境的人员，由于严寒、饥饿，抵抗力下降，疾病可能在灾区蔓延。因此，救援人员到达灾区后，应组织医疗力量迅速展开就地医治，对人员密集城镇以集中医治为主，对分散被困人员，分头救治为主，重点先抢救老弱妇幼和危重病人，并做好卫生防疫。

转移。如灾情在短时间内得不到缓解，应尽快将被风雪围困的人员和危重病人转移到相对安全的位置和设施较好的医院治疗。条件许可时，尽量利用机动车辆转移。条件受限时，可利用牲口、小推车、担架等工具，首先转移危重病人，尔后再转移其他人员。

(2) 解救被雪崩埋压人员。雪崩具有强大的冲击力和破坏力，解救被雪崩埋压人员，必须坚持救人为主、救命为先的原则，首先通过“问、查、嗅、看”等方法，探明被雪埋压人员的具体位置，尔后充分利用推土机、挖掘机及其他机械、工具，采取“清、推、刨、挖”等方法，快速展开施救作业。

(3) 解救被倒塌物埋压人员。持续性的暴雪、积雪，容易使房屋、厂房、工棚、帐篷等顶层因载荷过重而倒塌，造成人员被埋压的灾难。抢救时，应首先快速清除倒塌物上的积雪，使内部通风透气，然后采取“锯、撬、顶、搬”等方法，按照先上后下的顺序逐层作业，救出被埋压人员。当在管状区域内抢救埋压人员，作业空间窄小时，应先稳固覆盖层，然后打孔，再组织人，采取人拉人的方法，将被埋压人员救出。

97. 遭遇冰川泥石流如何避险？

(1) 徒步时，一旦遭遇冰川泥石流，要迅速转移到安全的高地，不要在谷底过多停留。

(2) 注意观察周围环境，特别留意是否听到远处山谷传来打雷般声响，远处传来的土石崩落，如听到要高度警惕，这很可能是泥石流将至的征兆。

(3) 要选择平整的高地作为营地，尽可能避开有滚石和大量冰川堆积物的山坡下面，不要在山谷和河沟底部扎营。

(4) 发现冰川泥石流后，要马上与冰川泥石流成垂直方向两边的山坡上面爬，爬得越高越好，跑得越快越好，绝对不能往泥石流的下游走。

遇到冰川泥石流时，采取脱险逃生的办法有：沿山谷徒步行走时，一旦遭遇大雨，发现山谷有异常的声音或听到警报时，要立即向坚固的高地或泥石流的旁侧山坡跑去，不要在谷地停留。在房屋中时，定要设法从房屋里跑出来，到开阔地带，尽可能防止被埋压。

(5) 野外扎营时，要选择平整的高地作为营地，尽量避开有滚石和大量冰川堆积物的山坡下或山谷、沟底。

发现冰川泥石流后，要马上与泥石流成垂直方向一边的山坡上面爬，爬得越高越好，跑得越快越好，绝对不能向泥石流的流动方向走。发生山体滑坡时，同样要向垂直于滑坡的方向逃生。要选择平整的高地作为营地，尽可能避开有滚石和大量堆积物的山坡下面，不要在山谷和河沟底部扎营。

98. 野外遇到暴风雪如何求救？

在野外手机可能没有信号，电脑可能没有网络。野外遇到暴风雪的求救要领如下：

(1) 应随身携带对讲机便于与外界取得联系。

(2) 带上手电筒，便于照明、求救。

(3) 如果乘车在野外被积雪封堵，可通过移动电话向交通管理部门求救。

（4）营地如果靠近村落，可向附近村民求救。

（5）向公共救灾部门求救。在必须外出又遇上暴雪等灾难性天气时，最好的方法是向公共救灾部门求救，因为个人的能力是有限的，尤其是在灾难性气候条件下。但是，很多在旅途中的人可能会因为在山上或森林中手机信号不好，难以打通救援部门的电话。这时，需要向不同的方向走出一定距离，哪怕走上数公里，也要设法打通报警和求救电话。此外，打通电话后不要再频频通话，以保持手机电量，在关键时刻能起到通信联络的作用。

（6）如果在茫茫雪海，可点燃树枝，在火堆上放上潮湿的柴草，保证让其冒烟；夜晚可用干柴，点燃火堆。燃放三堆火焰是国际上通行的求救信号，将火堆摆成三角形，各火堆之间最好等距离。

（7）地对空信号，可在地上摆出"FILL"，是国际通告的紧急求救信号，每个字母长 10 米，宽 3 米，每个字母间距宽 3 米。

（8）利用声音求救。可呼喊，也可借助其他物品发出声响，如棍子、罐头盒等。

99. 在暴风雪中如何自救逃生？

（1）在野外如果遇到暴风雪，或雪深超过一定的厚度，通常无法驾驶汽车，停车等待。这时，最重要的是保持温暖。首先保暖的部位是头部。遇上暴雪最要紧的是防冻。如果暴风雪没有完全封住汽车，或人徒步在野外遇到暴风雪，而且带了取火设备，应当用一些树枝和木柴生火，以保持温暖。如果没有生火条件，保暖的首要部位是头部，因为人体 40%的热量是从头部散发的，同时要保护好手指的温暖。另外，如果时间很长，而不得不在雪地野外过夜，则可以在合适的地方，如背风的地点挖个雪洞，既可避险又可保暖。洞内温度比洞外高，只要食物充分，可以坚持几天时间。

（2）要尽量闭嘴，防止风雪灌入口中，引起呼吸道堵塞。只要呼吸道畅通就可以有效延长生命，就有机会脱离暴风雪围困的危险。

（3）如等待时还有暴风雪，挖个雪洞坑，挖雪洞时入口与藏身之处最好略微有个弯度，然后用树枝或棉布堵住洞口。如有维生袋，垫以背包或枝叶枯草，隔开冰冷地面，然后躲进去。

(4) 快速清雪，避免大雪积压的好办法。身体蜷伏起来。忘记冻僵的身体和身上的冻伤，蜷缩在厚厚的熊皮毯子里。

(5) 保存体力，不要盲动。如果被困在车上，待在车中最安全，贸然离开车辆寻求帮助十分危险。开动发动机提供热量，注意开窗透气。燃料耗尽后，尽可能裹紧所有能够防寒的东西，并在车内不停地活动。如果孤身一人处于茫茫雪原或山野，露天受冻、过度活动会使体能迅速消耗，此时应减去身上一切不必要的负重，在合适的地域挖个雪洞藏身，洞内温度比洞外高，一般可避免伤亡。只要物质充分，这种方式可以坚持几天时间。

(6) 调整心态，适时休息。遭遇暴风雪时，由于恐惧、孤独、疲劳，易造成生理、心理素质下降，此时保持稳定的心态、正确判断方位和决定路线极为重要。疲劳时要适时休息，走到筋疲力尽时才休息十分危险，许多人一睡过去就不再醒来。正确的方法是走一段，停下来休息一会儿，调整呼吸，休息时手脚要经常活动并按摩脸部。

(7) 尽量保持身体干燥，湿衣服散热是干衣服的 240 倍。喝热饮有助于保持体温。防寒衣物以毛皮、羽绒物为好。

(8) 体温过低要尽快的想办法取暖。如果家里在暴风雪中停电了，而且家里没有备用的取暖设备，那么你的体温就会持续降低，简单地说，当你的身体失去大量的热量时，就会出现体温过低的症状。体温过低的主要症状是：胡言乱语、关节僵硬、动作不协调、脉搏减弱、持续颤抖、大小便失禁、面部肿胀、思维混乱。如果体温过低你又没有能力使体温回升，那么等待你的就只有死亡。所以当体温开始降低的时候，要尽快想办法取暖，比如蜷在毛毯里，钻入睡袋或者多穿几件衣服。如果有朋友在你身边，那么就紧紧地相偎在一起互相取暖。把热毛巾和热水瓶放在头上，脖子上，腋窝和腹部等区域，这样可以使低温回升，如果条件允许的话就去医院治疗。

(9) 多穿衣服。在暴风雪来临的时候，最好的选择就是呆在屋里，但是如果你不得不外出时，最重要的是要穿适当的衣服。衣服要宽松并且保暖。宽松的衣服可以使血液流通顺畅，从而保证体温。还有一定要戴上帽子和手套，因为人身体上大量的热量都是从四肢和头上流失。

（10）遇到暴风雪时，如果你在城市，要躲进附近的商店里，但如果你在乡村，就要尽快躲进洞里或者谷仓里。如果附近没有建筑物，就要想办法找到一个能避风的东西躲起来。

图 23　暴风雪中避险

（11）跟车在一起。在暴风雪中如果你的车突然打滑，冲出道路，这时你发现你自己被困在了这里。你最好呆在车里，这可以让你有机会在暴风雪中幸存。跟你的车在一起。你可以在车里躲避暴风雪，在救援者赶来时，也比较好辨认，告诉别人，你在那条路，要去哪里。如果你带了手机和车载充电器并且手机有信号的话，就打电话给 110 或 119。

（12）每隔一小时开动空调约十分钟。暖暖身体。不要持续开动，以免因暖洋洋而打瞌睡。这样也可以节省燃油，以支持足够长的时间。有一点必须牢记，发动机开的时间越长，废气涌入车中的危险就越大。如果暴风雪不大，可以每隔一两个小时就下车走动走动，活动一下身体，防止脚趾和脚部冻伤。

（13）趁积雪较浅，先清除排气管周围的积雪，否则开动发动机取暖时，有毒废气可能会涌进车厢内。

（14）汽车被积雪掩埋，车内的人很容易窒息。这时候应每隔一段时间打开背风的窗，使空气流通。可事先准备一些棍棒之类的硬物，万一积雪完全掩埋汽车，可用来捅个通气孔。

图24　当汽车被积雪掩埋，车内避险的人一定要注意空气流通

（15）千万不要下车徒步求救，否则很可能晕倒在雪堆里或在风雪中迷路，甚至发生伤亡事故。如必须继续前行，可利用地图和指南针寻找方向。一边走一边向前扔雪球，留意雪球落在什么地方和怎样滚动，以探测斜坡的斜向。如果雪球一去无踪，前面就可能是悬崖。

（16）有节制地吃食物喝水，因为你会被困在这里很长一段时间。在极度寒冷中你会感觉口干舌燥，所以每小时都要喝一杯水。检查排气管，确保那里没有积雪。

（17）不要喝酒取暖。有些被困于暴风雪中的人以为饮酒可以驱寒防冻，其实，这会适得其反。因酒会改变血液循环，从而降低体温。例如，酒精会使血管扩张，造成体温散失更快，而且喝酒后容易瞌睡，一旦睡着，就容易冻伤。所以，被困雪中不要喝酒。

（18）多辆车被困人尽量集中到一辆车上。如果有多辆车被困，应把所有人员尽量集中到一辆车上，既可相互取暖，又能互相帮助。被困暴风雪中还要防止摔伤和骨折。在雪中摔倒会让人们下意识地采取保护措施，用手掌撑地，如此必然会导致手腕受伤。股骨颈和膝关节也最容易骨折。所以被困雪中又要行走时要戴厚手套、护膝等，既可以起到缓冲作用，又可以保暖。

（19）徒步行走别筋疲力尽才休息。当然，如果被困雪中有导航仪和能识别方向，而且路途不远，可以徒步行走到安全区。不要走到筋疲力尽时才休息，这样十分危险，一些人会一睡过去就不再醒来。走

一段要停下来休息一会儿，调整呼吸。此外，休息时要活动手脚，按摩脸部。如果路途遥远而且不易识别方向，就要保存体能，等待救援。

(20) 努力创造出有利于自己生存的环境，注意是否能有人路过，这样可以更好地解救自己。如果你已经被积雪围困，自己已经无力走到安全的地方，要尽快拨打110、119等报警电话，寻求救援。

100. 雪天冻伤的预防方法

(1) 冷水锻炼。用冷水洗手脸、洗脚，每日1—2次，每次3—5分钟，洗后擦干皮肤至红，以防感冒。

(2) 活动。在寒冷环境下，应经常活动，特别是活动手脚，揉搓面、耳、鼻部；冷空气中锻炼。

(3) 保暖。充分利用防寒设备。

(4) 干燥。保持衣服和鞋袜的干燥。

(5) 防迷路。牧民出外放牧遇暴风雪，霎那间不能辨别方向或路标而迷路，导致严重的冻伤。防止迷路的方法有：平时留心周围有明显特征的建筑物或地形特点，如敖包、山头、河流、树林等；也可有意制作一些路标。骑马迷路者，可放开马缰绳，让马自寻道路，即“老马识途”。利用北极星判定方向。

(6) 避大风。迅速找到低洼或小山丘躲藏，背部朝着上风，逆风而行。如在蒙古包内应对包进行加固，以防被风刮倒、刮跑，也不应随便离开蒙古包。

(7) 藏雪洞。暴风雪时无法前进，或不能辨别方向，可就地挖雪洞躲藏，切不可在暴风雪中东奔西跑、大喊大叫，以免因疲劳和饥饿使散热加快，降低抗寒能力。

101. 你知道雪灾伤害的处理与自我保护吗？

雪灾对人体造成的伤害，主要有冻伤和雪盲。雪灾中冻伤的处理方法：寒冷引起的局部组织损伤称为冻伤。发生冻伤的直接原因是寒冷，在寒冷环境中，保暖措施不足以御寒的情况下，局部温度降至组织冰点以下，就会发生冻伤。冻伤的发生除与雪灾有关外，还与暴风雪和大风有关。气温零度以下吹刮大风，尤其是8级以上大风，能够加快人体散热，促使人体的温度降低，风速愈大，人体内的热量就消耗愈多，越容易发生冻伤。由于暴风雪有风、雪、湿的作用，同样也可使气温急剧下降引起冻伤。冻伤是皮肤细胞中的水分子冻结而引起的一种病症。冻伤的特点是皮肤发白，像涂了蜡一样，感觉麻木而僵硬。比较严重的冻伤会造成坏疽，导致截肢。冻伤部位一般是手指、脚趾、鼻子、耳朵和脸颊。冻伤应该由医生处理。但是在紧急情况下，你应该采取以下的步骤：

（1）脱下湿衣服，用暖而干燥的衣服包裹冻伤部位。

（2）将冻伤部位浸泡在温水（37℃～40℃）中，或对它进行10～30分钟的温敷。

（3）如果弄不到温水，就用厚衣物将冻伤部位轻轻地裹起来。

（4）不要用热的东西直接接触冻伤部位，如电炉或煤气炉、电热毯以及装热水的瓶子等。

（5）如果有可能重新冻伤，千万不要给冻伤部位解冻，因为这样做会造成组织的严重损伤。在脱离寒冷环境后，再实施解冻。

（6）不要揉搓冻伤的皮肤，或用雪揉搓。

（7）在解冻过程中，可以服用阿司匹林等镇痛药。解冻过程中，会伴有很强的灼痛感。皮肤可能会出水泡，组织会肿胀，而且皮肤还可能发红、发蓝或发紫。当皮肤泛红，不再麻木时，就说明冻伤部位已经解冻。

（8）如果冻伤部位被感染了，应该用消毒纱布包好。如果冻伤的手指或脚趾被感染了，就应该用消毒纱布将它们隔离。尽量不要弄破水泡，包好解冻部位，避免重新冻伤，还要让冻伤者尽可能保持冻伤部位不动。尽快找医生。

102. 山林中落入雪坑怎么办？

（1）在雪中行走时先用树枝在前面探路。

（2）滑雪时严禁离开滑雪道，严禁酒后滑雪。

（3）坠落的瞬间，闭口屏息，以免冰雪涌入咽喉和肺部，可引起窒息。

（4）同伴可用树枝、木棒、绳子将其拉上来。

(5) 如果在野外旅行不慎落入雪坑,又没有人营救,如果有防水的睡袋应马上使用。

(6) 尽量爬到雪的表面。

103. 风雪中脱水如何自救?

风雪中严重脱水,被冻伤、冻死的可能性大大增加。自救互救要领:

(1) 在雪中要保持能量以防损失过多而脱水。

(2) 进入雪山高原地区,许多登山者为了减轻颅内高压,防止脑水肿,有意识地使自己处于脱水状态,此种方法不宜提倡。正确的方法是:随身携带水瓶,要少饮,但不能不饮,否则也会危及生命的。

(3) 补水时,不可一次喝过多,应每隔 5 分钟小口喝水。

104. 雪天掉进冰窟怎样自救?

(1) 不要惊慌,保持镇定,要大声呼喊,争取他人相救。

(2) 救者不得靠近冰窟窿,防止冰面塌陷落水,应在冰层上趴卧,将绳索、救生圈、竹竿等工具探入冰窟,再将人拽上岸。应当用脚踩冰,使身体尽量上浮,保持头部露出水面。

双臂向前伸张,增加全身接触冰面的面积,慢慢爬行,使身体逐渐远离冰窟窿。

(3) 如果掉入冰窟窿,除呼救外,应张开双手,身体尽量靠近冰面边缘,把手掌放在冰面上,将胸部贴在冰面上慢慢往出爬,爬出来后不要马上站立,而应该继续慢慢爬行,直至到达安全地带为止。

(4) 离开冰窟窿口后,可卧在冰面上,用滚动爬行的方式到岸边再上岸。

105. 雪地迷路自救互救要领有哪些?

当雪反射的白光与天空的颜色一样时,地形便变得模糊不清;地平线、高度、深度和阴影完全隐去,这种时候最易迷路。雪地迷路自救互救要领:

(1) 一旦在寒冬登山活动中迷路了，首先要根据天气选择是否要继续前进，或是找到合适的地点等待救援。如果判断将要有暴风雪，那就要在天气变坏前尽早找到可以躲避风雪的地方。可以用压实的雪块砌成一定高度的雪墙，开口设在背风处，人睡在雪墙内侧。雪墙除了挡风外，还可以反射热量，保持墙内温度较高。

(2) 在雪层较厚并且足够结实的时候，可以挖雪洞。雪洞垂直向下挖掘，上方留有窗口用来透气。在挖掘到一定深度时，在雪洞一侧半腰处再横向掏出一个自己可以躺下的平台，因为冷空气较重，会停留在雪洞的底部，而平台处相对要温暖一些。需要注意的是，必须将平台上方的穹顶仔细抹平，防止人体的热量使顶部的雪融化。

(3) 无论装备再精良，户外生存技能再丰富，都要尽量避免在恶劣天气出行。

106. 雪天崴脚如何自救？

雪天在出现崴脚情况后，应立即停止行走、活动等，最好能够将脚部抬高，以减少肿胀和疼痛。24 小时内禁止热敷，可用毛巾包裹冰块，或者用冰袋、冰凉的毛巾进行冷敷，也可用冷水冲洗脚踝部，减轻肿胀和疼痛。轻度崴脚只是软组织损伤，自己可以进行处置，但发生脚部变形、疼痛难忍、肿胀明显时，则必须到医院进行急救。

107. 雪天汽车行驶自救小技巧有哪些？

雪天汽车行驶是非常艰难而且危险的。但是遵循以下条例，你就可以安全自如的行驶。

如果你的车陷进雪地里：

(1) 不要试图通过加速来脱身，车轮的快速空转会使雪塞满轮胎的纹理，而且车会更紧的压在雪地上。这样会大大降低轮胎与地面的摩擦。

(2) 确保车轮的端正，这样轮胎与地面才有最大的摩擦。

(3) 找一些麻袋或者小树枝之类的东西垫在车轮下面来增大摩擦，从而加强车轮的抓地力。

(4) 减少车轮的空转，打到二档，防止车轮扭转。

(5) 如果车里有乘客，可以让他们帮你推车。但是要提醒他们站在车的两侧并远离驱动轮，这样他们才不会被轧到，溅一身泥土。

(6) 一旦车子可以开动，要一直把它开到平坦而又坚实的地面上，然后再停下来让乘客上去或者换挡。

108. 被暴风雪困在汽车内如何逃生?

假如车辆出了故障，或者天气条件恶化到了前后道路都无法通行的程度，明白如何保住性命直到救援到来是生死关头的大事。此时不要恐慌——只要采取合适的行动，困在雪中并不会马上死人。

(1) 与车辆留在一起。除非能看到近在眼前的房子而且里面有灯，否则不要离开车辆到远处去寻求帮助。暴风雪中很容易迷路，救援者不容易找到我们。人在车里可以活上好几天，尤其是如果准备好了急救箱。而在野外，人要活过当天晚上都不容易。

(2) 天气极冷的时候，车门车窗都有可能被冻住，使车内密不透风。假如发动机经常开动，而且车内有很多人，这种情况就会更快出现。要经常检查，看看车窗能否及时打开，至少有一扇车窗是可以随时打开的，这样的话，车内通风就有保证，防止车窗完全冻住。

(3) 清除排气管的四周以及车外加热器风口，这样才能启动发动机和加热器，而不会一氧化碳中毒。假如车辆完全埋在雪中，一定要用雨伞或棍子在雪中挖出一个呼吸孔道来。要不时检查这个孔道是否堵住。

(4) 在这种情况下，很多人死于一氧化碳中毒，因为加热器散出来的热气使他们打瞌睡，发动机在转动的时候，人却睡着了。在他们入睡的时候，车内塞满了有毒的气体，结果慢慢将人毒死。为保存燃料并防止吸人一氧化碳，每次开启发动机的时间不能超过 10 分钟，这样的话，车内可以加热并使电瓶及时充电，但不能让发动机一直转动。假如感觉想睡觉，应该将发动机关闭，打开车窗。

(5) 把急救箱里面的火柴及蜡烛拿出来。点燃一根蜡烛，这能升高车内温度，更重要的是，假如一氧化碳浓度升高，蜡烛还会起到提示作用。假如烛火开始摇晃或要熄灭，要立即给车内通风。

(6) 在车内点着没有防护罩的火苗似乎很危险，而且，假如怀疑车内漏油或有很大的油味，点着蜡烛会构成不可接受的风险，因此应该避免这么做。可是，在极冷的天气里，发生紧急情况的时候，假如车辆完全不能动了，也不存在漏油的情况，点一根蜡烛是安全的，而且能救命。

(7) 稍稍做一点锻炼活动可防止身体僵硬，也有助于保持体温，但要记住保存体力，不要做过度的锻炼活动。

(8) 要保持体温而又不开启发动机，人人都应该穿上急救箱里存放的备用衣物并钻进睡袋。如果带的东西不够多，可以用报纸、地图、毯子或座椅垫子保暖。这些东西都要塞到衣服里面去保暖。包住头部，防止体温会丧失，驾驶座椅上端的头垫上的套子也可以当帽子戴上。大家挤在一起可以保暖。

假如有其他驾驶者也陷在雪中，大家应该挤在一辆车里。车内人越多，越容易保暖。但要保持通风，因为空气很快便会变质。

(9) 大家要轮流睡觉，至少要有一个人总是醒着的，这样可以注意是否有救援车辆到来。如果有车辆开到附近，应该按喇叭或闪灯示意。

假如是独自一人，那就想办法保持清醒。假如有用电池的收音机，那就听听收音机里都有哪些新闻和天气预报(不要用车上的收音机，否则会把车上的电瓶用光)。假如天气很冷，只能睡很短的时间。

(10) 假如必须要离开汽车，应该穿上足够多的衣物并避免打湿，尽量不要出汗，也不要接触水。再次进入车内前，先把身上的雪弄净。

(11)食物和饮水要定量，这样可以坚持很长时间。

109. 如果你的车陷进深雪中怎么办？

(1) 陷进大约 12 英尺的深雪里，这时你应该将车反复向前开，向后倒，从而形成一道车辙，然后将车沿着车辙慢慢开出。

(2) 不要试图通过加速来脱身，车轮的快速空转会使雪塞满轮胎的纹理，而且车会更紧地压在雪地上。这样会大大降低轮胎与地面的摩擦。

(3) 换到一档并慢慢加速，同时缓慢松开离合器，试着将车向前开几英尺。

(4) 车向前开动几英尺后，要快速反方向驱动，使车再向后倒退几英尺。重复上述进车倒车的步骤，直到车爬上雪坡并开出来。

(5) 如果上述方法行不通的话，你可以先将四个车轮前面的雪铲掉，然后再用上面的方法将车开出。

(6) 找一些例如沙子啊，粗麻袋布或者小树枝之类的东西垫在车轮下面来增大摩擦。

(7) 减少车轮的空转，防止车轮扭转。

(8) 如果车里有乘客，可以让他们帮你推车。但是要提醒他们站在车的两侧并远离驱动轮，这样他们才不会被轧到。

(9) 一旦车子可以开动，要一直把它开到平坦而又坚实的地面上，然后再停下来让乘客上去。

110. 遭遇雪灾如何进行自救？

(1) 注意着装保暖：防寒服隔热值高、携带方便，既能防风，又能防水，是一种理想的防寒用具。对于滞留在车站的旅客，夜晚的气温会更低。衣服要扎紧袖口、裤口，扣上领口，放下帽耳，戴好手套。衣服不可穿得过紧，这样不仅不会使人感到暖和，反而会感到寒冷、难受。穿一件厚衣服不如多穿几层薄衣服为好，这样有更多的空气层，保温效果更好。要保持服装的干燥。淋湿或汗湿的衣服要及时烘干，衣服上的冰雪要及时抖掉。寒从脚下起，鞋的材料要选通气性好的，如帆布、皮革等，穿橡胶与塑料鞋，脚在出汗以后，易发生冻伤。硬而紧的鞋子妨碍脚部的血液循环，也易发生冻伤。当脚趾有麻木感时，可能是冻伤预兆，可做踏步运动，以促进血液循环。

(2) 搭建遮护棚：火车站是露天场地，不宜露宿，应及时与车站取得联系，确定交通状况，尽量选择周边的疏散点安置。保持身体干燥，防止过度劳累。如人多，最好使用“搭伴制”，彼此间仔细观察以尽早察觉症状。如人群中发现有体温过低者，就不能排除其他人也可能已经患病。所以，要逐一检查。发现体温过低要及时处理，防止身体热量进一步散发，置身室内，避风；脱去潮湿的衣服，换上干衣。让病人饮用热饮料，食用含糖食品。

(3) 注意取暖：体温过低身体难以自我调节时，可将热体放在腰背部、胃部、腋窝、后颈等部位，这些部位能将热量传入体内。

（4）经常活动按摩：要尽量减少皮肤暴露部位，对易于发生冻疮的部位，有必要经常活动或按摩。避免接触导热快的物品。如金属与赤手或雪与臀部的接触，可使热量加速丧失，引起局部冻伤。

（5）体温过低加重时，身体就难以再次自我加热，因此须从体外加热。如进行体外快速加热会促使冰冷的血液流入体内，进一步加重病情。可将热体放在以下部位：腰背部，胃部，腋窝，后颈，腕部，裆部，这些部位血流接近体表，可以携带热量进入体内。

（6）及时补充能量：人体在寒冷环境中要维持体温，就必然代谢增加，体力消耗增多，只有增加营养物质的摄取量才能满足人体需要。因而高热量的蛋白质、脂肪类的食物应该比平常增加。酒精和水不能产热，寒冷时绝对不要饮酒，饮酒虽然暂时可以造成身体发热的感觉，但实际上酒精使血管膨胀，增加了身体的散热，导致体力衰弱。

（7）一旦出现急症应立即向旁人求救。如果发现家人或旁人发生意外突然昏厥，一定要首先呼救或拨打120，同时采用心肺复苏知识进行急救。尽量不要搬动病人，如果有出血情况，用干净纱布压住伤口止血。

111. 身体被雪掩埋时怎么办？

身体被埋在雪内，要迅速使身体处于站立的姿态。自救互救要领：

（1）如果不幸落入雪坑，或被大雪掩埋，此时尽量使身体处于站立姿态，头顶向前用手及全身的力量冲出新积雪层表面。保证呼吸畅通。

（2）如果有同行者，可用手中的手杖或树棍等设法让同伴及时发现。

（3）如果不能从雪堆中爬出，要减少活动，放慢呼吸，节省体能。

112. 雪天在结冰路面上行走摔倒时如何自我救护？

冬季路面结冰，冰面很滑，不仅应慢行，而且更应掌握一些摔伤的

自我急救知识。自救互救要领：

(1) 冰上行走不可太快，最好穿上旅游鞋。

(2) 如果突然摔倒，任其顺势滑动，这样不易受伤。

(3) 如果骨折就地取材，可用衣服、围巾、木板、书本等工具固定好骨折部位，迅速去医院治疗。

(4) 如果怀疑脊椎受伤，应该及时叫救护车或请求别人用硬板或担架搬运。

113. 雪天如何锻炼和自救？

每逢大雪过后，由于路面湿滑，到各大医院就诊的因摔倒造成骨折及外伤的患者就会增多，其中以小孩儿、老人、女性和骑车男性为多。雪天锻炼和自救建议：

(1) 雪天行人要走人行道，不要在机动车道上行走，防止被侧滑的车碰到；走路速度不要太快。

(2) 最好穿防滑鞋，不要穿硬底塑料鞋。如果突然摔倒，尽量别用手腕去支撑地面，因为这种摔倒姿势最容易造成手臂骨折。

(3) 雪天骑自行车、电动车上路后要低速行驶；不要在易结冰打滑的地砖上骑车，切勿与机动车抢道，防止被发生侧滑的机动车碰伤；在有较厚积雪或者有薄冰的路面，最好下车步行。

(4) 雪天出门谨防心脑血管病，气温越低急性心肌梗死与脑卒中发病率越高。雪天外出时，应注意防寒保暖，一定要戴好帽子、围巾和手套。下雪、化雪的时候天气格外寒冷，心脑血管病人应减少外出。

(5) 雪天锻炼：尽量安排在下午。由于心血管病发生的高峰期一般集中在上午 6 时至中午 12 时。因此，这一人群雪天要减少户外活动，即使锻炼也应在下午进行，并要注意添加衣服，经过暖身活动身体发热后再适当减衣服。锻炼结束后，应擦干身上的汗水，并立即加衣服。

(6) 摔伤先检查何处摔伤，一般雪后骨折多集中在脚踝骨、尾骨和腰椎。专家提醒，摔倒后不要急于起身，应先看看自己是大腿、腰部还是手腕摔疼了。一般大腿和手腕骨折较轻的，人们还能勉强活动；如果腰疼，千万不要随意乱动，因为腰椎骨折后如果随意活动，很可能造成关节脱位，严重时下肢可能瘫痪。此时应该尽快呼救，救人者也不宜随意背抱伤者，而是要用硬板将伤者抬到医院，或拨打 120 或 999 急救电话由专业医护人员救助。

(7) 一旦摔倒发生骨折，切不可乱揉乱动，应用围巾、书本等工具固定好骨折部位，请求他人帮助，立即到附近医院治疗。

114. 雪天如何保护饮用水设备的安全？

(1) 室外的水管和水龙头的防冻可用棉花或草绳等进行包裹。

(2) 寒冷季节，临睡前应关闭室内水表阀门，打开水龙头，放掉水管中剩水。

(3) 已冰冻的水龙头、水表、水管，应该先停止供水，打开冻住的管道的水龙头。用热毛巾包住水龙头，用温水沿水龙头慢慢向管子浇洒，使水管解冻。若浇到水表处仍不见水流出，则说明水表也被冻住，此时再用热毛巾包在水表上，用不高于 30℃的温水浇洒，使水表解冻，不能用火烤。如果管道在你采取措施前就冻破裂，要立刻关闭水阀，并检查有可能破裂的地方，同时呼叫水管工人前来维修。

115. 雪天冰上摔伤时如何自我救护？

雪天路面结冰，冰面很滑，不仅应慢行，而且更应掌握一些摔伤的急救知识。雪天冰上摔伤自救互救要领：

(1) 冰上行走不可太快，最好穿上旅游鞋，防滑鞋。

(2) 如果突然摔倒，任其顺势滑动，这样不易受伤。

(3) 如果骨折就地取材，可用衣服、围巾、木板、书本等工具固定好骨折部位，迅速去医院治疗。

(4) 如果怀疑脊椎受伤，应该及时叫救护车或请求别人用硬板或担架去医院。

(5) 暴雪发生时，如果这时你在外面行走，这时你要学会自我救助。暴风雪发生后，要迅速赶回家中，不能立刻赶回家，自己首先要冷静，找准回家路线，及时赶回家。

(6) 暴雪发生时要做好防寒，千万不要站着不动，这样会发生冻伤的，要经常搓手保暖，并尽快回到安全的地方。

(7) 如果你已经被积雪围困，自己已经无力走到安全的地方，要尽快拨打110、119等报警电话，积极寻求救援。暴风雪发生时都是大风夹带暴雪，这时如果发现自己被风雪围困，且不能脱险时要采取延缓时间的自救。

(8) 要尽量闭嘴，这样是为了防止风和雪灌入口里，引起呼吸道堵塞。只要呼吸道畅通就可以有效延长生命，也就可以有机会脱离暴雪围困的危险。

(9) 暴雪包围以后要注意节省自己的体力，如果因体力不支而发生晕倒或昏迷的事故就更危险了。因此，切记不要乱喊，节省氧气，保存自己的体力，等待时机以待救助。

(10) 要注意观察自己所处的环境，努力创造出有利于自己生存的环境，还有就是要注意是否能有人路过，这样可以更好地解救自己。

116. 冻伤有哪些急救方法？

所谓冻伤是低温袭击所引起的全身性或局部性损伤。引起冻伤的原因主要是：低温、身体长时间暴露、潮湿、风水所造成的大量热量流失。而促进或加重冻伤有营养不良、过度疲劳、睡眠不足、肢体静止不动、醉酒等因素。冻伤急救方法：

(1) 对局部冻伤的急救要领是慢慢地用与体温一样的温水浸泡患部使之升温。如果仅仅是手冻伤，可以把手放在自己的腋下升温。然后用干净纱布包裹患部，并去医院治疗。

(2) 全身冻伤，体温降到20℃以下，一定不要让伤员睡觉，强打精神并振作活动，否则会有生命危险。

(3) 当全身冻伤者出现脉搏、呼吸变慢的话，就要保证呼吸道畅通，并进行人工呼吸和心脏按摩。要渐渐使身体恢复温度，然后速去医院。

(4) 对局部冻伤的急救是使冻伤冷伤处恢复正常。因此，若能使患部周围和煦，很快可以治愈。禁止把患部直接泡入热水中或用火烤患部，这样会使冻伤加重。由于按摩能引起感染，最好不要做。

(5) 用生姜涂擦局部皮肤，有预防冻的作用。

117. 雪崩伤亡的原因有哪些？

遇难者被埋以后，在雪下呼吸环境和呼吸系统状况是其幸存与否的关键，窒息是引起死亡的主要原因。被雪崩掩埋以后，身体周围空气很少，再加上积雪压迫咽喉和胸部，从而加速窒息死亡。埋在雪下，只有极少数人能够挪动身体进行自救，绝大多数人都不能理顺姿势进行自救，就像被浇注在混凝土中一样不能动弹，只能等待得到救援人员的及时营救。如果没有人来营救，生还的可能性很小。露天卷入雪崩的遇难者约20%的人因窒息、外伤当即死亡。雪崩伤亡的主要原因如下。

(1) 咽喉、胸部受压窒息：如果遇难者被积雪埋得较深，其咽喉和胸部则会受到积雪的压迫，造成呼吸困难从而迅速死亡。雪崩中的雪层密实，压迫咽喉和胸部。

(2) 呼吸系统阻塞窒息：被埋入雪下后，人会产生恐惧，这是一种很自然的本能反应，但是由于恐惧而大喘气，吸入大量积雪，则会加速死亡进程。在卷入雪崩、向下运动的过程中，呼吸系统也会塞进积雪。

(3) 外伤：遇难者随雪崩向下运动，雪崩中的石块、冰块以及雪崩路径的树干、基岩露头等，会对遇难者造成伤害。雪崩气浪和雪崩本身的压力，对人的肺部或其他器官造成伤害，严重的会死亡。

(4) 低温和衰竭：遇难者卷入雪崩或被埋在雪下后，由于处于低温环境会消耗大量热量，体力逐渐衰竭，如得不到及时营救，会导致死亡。

118. 防雪崩随身应携带哪些安全装备？

在雪崩多发区或可能出现雪崩的地方，最好能够配备雪崩绳、登山绳、探棒、雪铲和无线电收、发报机等。一旦遇到雪崩，不但可以自救，也便于救援人员的及时援救。

(1) 雪崩绳：红色的尼龙绳，质量很轻，绳长20米，直径1.5厘米。在登山用品店或体育用品商店都能买到。把绳子的一头系紧绑在腰上，另外一段拖在身后。如果不幸被雪掩埋后，雪崩绳会留在雪面。

营救人员只要发现雪崩绳，就可以循着红色雪崩尼龙绳找到被埋遇难者。

(2) 登山绳：一般登山都有特制的常规用绳，不仅结实，而且质轻，可以用来拴住进行雪坡作业、作为进入雪崩形成区、进行积雪稳定性试验的同伴。

(3) 探棒：由坚硬的金属棒制成，一般都能折叠。一些特制的雪杖。也能够接成不同的长度，用做探棒寻找雪下遇难者。

(4) 雪铲：雪铲是用来挖雪、营救雪下遇难者的，要结实，而且质轻。在雪崩危险地区通行和作业，雪铲是必不可少的装备。雪崩灾害史上，曾经有过这样的悲剧：利用无线电技术和工具能够迅速及时地确定出遇难者的雪下位置，却因为没有带雪铲而不能展开救援工作，从而耽搁了营救的时间，造成不必要的悲剧。

(5) 无线电收，发报机 ：无线电收、发报机是一种既能接收，又能发射的收音机。配备这种装备的人，出发之前要把收音机调至发射状态。如果有人被埋，幸存者或同伴只要把各自的收音机调至接收状态，并按照一定的程序确定无线电信号源地，及时发现遇难者的具体位置。无线电收、发报机是最有效的保障雪崩安全的救援装备。

119. 遇上雪崩如何自救逃生？

(1) 雪崩逃生时应立即抛弃身上所有重物，如背包，滑雪板，滑雪杖等。带着这些物件，倘若陷在雪中，活动起来会显得更加困难。

(2) 切勿用滑雪的办法逃生。不过，如处于雪崩路线的边缘，则可疾驶逃出险境。如果给雪崩赶上，无法摆脱，切记闭口屏息，以免冰雪涌入咽喉和肺引发窒息。

(3) 如果被雪崩冲下山坡，要尽力爬上雪堆表面，平躺，用爬行姿势在雪崩面的底部活动，丢掉包裹、雪橇、手杖或者其他累赘，覆盖住口、鼻，以避免把雪吞下。

(4) 大雪刚过，或连续下几场雪后切勿上山。此时，新下的雪或上层的积雪很不牢固，稍有扰动都足以触发雪崩。

(5) 天气时冷、时暖，积雪变得很不稳固，很容易发生雪崩。

(6) 应避免走雪崩区。实在无法避免时，应采取横穿路线。在横穿时要以最快的速度走过，一有雪崩迹象或已发生雪崩要大声警告，以便赶紧采取自救措施。切不可顺着雪崩槽攀登。

(7) 如必须穿越雪崩区，应在上午10时以后再穿越。因为，在上午9～10时，易发生雪崩。此时太阳已照射雪山一段时间了，若有雪崩发生的话多在此时。

(8) 不要在陡坡上活动。因为雪崩通常是向下移动，在1∶5的斜坡上，即可发生雪崩。坡度为38度的时候，雪崩的威力最大。

(9) 如必须穿越雪崩区斜坡地带，切勿单独行动，也不要挤在一起行动，应一个接一个地走，后一个出发的人应与前一个保持一段可观察到的安全距离。

(10) 在选择路线或营地时，要警惕所选择的平地。因为在陡峻的高山区，雪崩堆积区最容易表现为相对平坦之地。

(11) 注意雪崩的先兆，例如冰雪破裂声或低沉的轰鸣声，雪球下滚，山上见有云状的灰白尘埃。

(12) 雪崩经过的道路，可依据峭壁、比较光滑的地带或极少有树的山坡的断层等地形特征辨认出来。

(13) 不要大声说话，以减少因空气震动而触发雪崩。行进时最好每一个队员身上系一根红布条，以备万一遭雪崩时易于被发现。

(14) 判断当时形势。出于本能，会朝山下跑，但冰雪也向山下崩落。而且时速达到200公里。向下跑反而危险，可能给冰雪埋住。向旁边跑较为安全，可以避开雪崩。

(15) 如雪崩面积很大，离得很近时，已无法摆脱，可就近找掩体，如岩石等躲在其后；在无任何物可依时，身体前倾，双手捂脸以免冰雪涌入咽喉和肺引发窒息，也便于雪崩停后手部的活动。

(16) 抓紧山坡任何稳固的东西，如矗立的岩石之类。即使有一阵子陷入其中，雪崩终会结束，那时便可脱险了。

(17) 如果被雪崩冲下山坡，要尽力爬上雪堆表面，平躺，用爬行姿势在雪崩面的底部活动，休息时尽可能在身边造一个大的洞穴。在雪凝固前，试着到达表面。

(18) 被雪掩埋时，冷静下来，让口水流出从而判断上下方，然后奋

力向上挖掘。逆流而上时，也许要用双手挡住石头和冰块，但一定要设法爬上雪堆表面。

(19) 如果不能从雪堆中爬出，要减少活动，放慢呼吸，节省体能。据奥地利英斯布鲁克大学最新研究报告，75%的人在雪埋 5 分钟后死亡，被埋 130 分钟后幸存获救的只有 3%。所以要尽可能自救，冲出雪层。

(20) 不论发生哪一种情况，必须马上远离雪崩的路线。

120. 雪崩目击者应采取哪些救助措施？

没有卷入雪崩的幸存者或者事故的旁观目击者，应该马上采取妥善的援救措施。首先，可以进行一次迅速、大致的搜索。自己避灾的同时，要用心记住同伴被埋藏的大致位置，最好能够标出遇难者卷入雪崩和被埋的地点，或者记住临近某些固定地物的位置。

其次，如果不能确切地知道遇难者的被埋方位，必须马上组织救援，利用现有条件进行搜索。

121. 搜索雪崩遇难者主要原则有哪些？

主要遵循山坡瀑布线、雪崩堆积地形和雪崩运动特征的原则搜索。

(1) 集中精力搜索遇难者衣物和装备出露的雪堆地区，这些地区最有可能发现遇难者。

(2) 根据雪崩流动路径，沿遇难者被埋地点以下地区的瀑布线进行搜索。

(3) 仔细观察雪崩前锋受阻地段，遇难者最容易掩埋在这里。

(4) 注意雪崩路径中的反坡地形，雪崩在这里遇到阻滞，明显减速，最容易产生带状堆积。

(5) 着重搜索堆积前缘地带，最常出现遇难者被雪崩带至雪崩堆积最深地区。

(6) 注意搜索沟槽雪崩路径弯曲地段，雪崩一般易在这里阻滞，减速产生堆积。

(7) 注意搜索雪崩路径中的岩石露出部分、树木灌丛等地区，遇难者可能被拦，埋在这里。

（8）搜索范围以雪崩内路径为主，兼顾外路径，因有的遇难者会被雪崩气浪抛出路径以外。

122. 大范围探查雪下遇难者的特殊方法有哪些？

（1）雪崩犬探查法：雪崩犬探查法是根据遇难者从雪下散发出来的汗水、呼吸等气味，找到被埋场所。雪崩犬探查法在瑞士、奥地利等国家广为应用。

（2）无线电收、发报机法：这种方法主要用来确定遇难者被埋的具体方位。无线电收、发报机重200～400克，有香烟盒哪么大。大多数收、发报机为一体，也有分离的。滑雪者进入雪崩危险区之前，配备好无线收、发报机，将之拨至发射状态。遭遇雪崩被埋，他人可根据收、发报机的信号，在7～22分钟，可准确确定遇难者所埋位置。

（3）探棒法：无线电收、发报机法准确、快捷，但受一定外在条件限制。探棒法简单易行。具体方法是20～30人手握探棒，一定间隔，一字排开，在专业人员指挥下，从山坡下部开始，由下向上逐步推进。探查中如出现探棒反弹和触及易物情况，把探棒插在原位作为标记，有专人挖坑查明。如排除遇难者，继续探查。

123. 抢救雪崩遇难者的主要方法有哪些？

（1）清除呼吸系统异物，进行人工呼吸：准备挖掘时，一定要注意遇难者的安全，防止挖掘器材给遇难者造成不必要的伤害。当遇难者的头部露出后，先检查呼吸系统是否阻塞，若阻塞，立即清除。完全挖出后，要平放在雪地或雪撬上。如果遇难者已经失去知觉，要把头部放低，防止呕吐物等流入气管。不管是正在进行人工呼吸，还是恢复正常呼吸之后，呼吸道都要插橡皮管以保持呼吸道通畅。如果遇难者已经不省人事，清理口腔、气管内异物之后，尽快进行人工呼吸。如果瞳孔已经放大，心脏停止跳动，还要增加闭胸心脏按摩增强人工呼吸。

（2）采取各种措施，尽快恢复体温：如果遇难者挖出后呼吸正常，或者经过人工呼吸后很快恢复呼吸，这时尽快恢复体温非常重要。脱

掉湿衣服，擦干身体，换上干衣服。将遇难者移入帐篷或躺进睡袋。最好用热水袋取暖。

(3) 如果有生存希望，立即送医院抢救：遇难者人工呼吸抢救成功之后，在看护人员护理下，快速送到附近医院，进一步抢救治疗。

主要参考文献

1. 世界の気象災害(Adobe PDF)-htmlで見る. http://www. jpn-shuppan. co. jp,2012-9-27.

2. 開発途上国の災害の状況と海外支援のあり方. http://www. h4. dion. ne. jp, 2012-11-16.

3. 1. 2. 3 世界の最近の気象災害-気象庁. http://www. yahoo. co. jp,2013-1-16.

4. 世界の気象災害の現状. http://rikanet2. jst. go. jp,2013-1-16.

5. 世界の気象災害情報. http://www. yahoo. co. jp,2013-1-20.

6 今後の雪害対策のあり方について. http://www. tsearch. e-gov. go. jp, 2013-1-26.

7 雪害対策マニュアル. http://www. town. shimosuwa. lg. jp, 2013-1-26.

8. 蒋兴良等. 输电线路覆冰及防护. 北京:中国电力出版社,2002.

9. 沈永平. 冰川 北京:气象出版社,2003.

10. 韩世泉等. 雪. 北京:气象出版社,2004.

11. 闫亚萍等黄河下游凌汛及其防御措施浅析. 水信息网,2005-12-14.

12. 张庆阳. 恶劣天气与安全行车. 气象知识,2006(2).

13. 国家减灾委员会办公室. 避灾自救手册——寒潮　雪灾低温冷冻. 北京:中国社会出版社,2006.

14. 蔡琳. 中国江河冰凌黄河. 北京:水利出版社,2008.

15. 长弓. 暴风雪和雪崩灾害. 民防苑,2008(1).

16. 雪灾自救宝典. http://www. china. com. ,2008-1-30.

17. 科学技术部. 南方地区雨雪冰冻灾后重建实用技术手册(第一批:农业、交通、日常生活部分)2008(2).

18. 胡一民. 观赏树木雪灾后的处理与复壮措施. 安徽日报农村

版,2008-3-10.

19. 张庆阳. 国外公路雪灾防治经验介绍. 中国气象报,2008-4-3.

20. 张庆阳. 国外气象防灾减灾概述. 气象科技合作动态,2008(6).

21. 雪天宝宝保健全攻略. http://www. bjbwzx. com. cn,2009-6-6.

22. 沈永平. 王国亚等. 冰雪灾害. 北京:气象出版社,2009.

23. 雪灾自救指南. http://www. jxnews. com. cn,2009-11-12.

24. 电力如何应对暴雪灾害. 中央政府门户网站,2009-11-13.

25. 农业部门积极应对暴雪灾害影响指导落实防御措施. 中央政府门户网站,2009-11-14.

26. 避灾自救—寒潮雪灾低温冷冻. http://www. www. dqxszz. com,2009-11-23.

27. 谢宇. 雪灾的防范与自救. 西安:西安地图出版社,2010.

28. 封涛. 观赏树木冰雪灾害的救灾、减灾与恢复. 中国园艺文摘,2010(6).

29. 国家减灾委员会. 雪灾紧急救援手册. 北京:中国社会出版社,2010.

30. 如何应对暴风雪. 中国安全应急. 教育网,2010-12-24.

31. 冰雪天安全出行注意事项. 长江网,2010-12-24.

32. 许小峰. 气象防灾减灾,北京:气象出版社,2012.

33. 暴风雪中学点自救本领. http://www. cnwest. com,2012-11-21.

34. 李静. 冰雪灾害对海水养殖业的影响及应对措施. 科学养鱼,2011(12).

35. 许海峰. 输配电工程中线路的防冰雪灾害措施. 民营科技,2011(12).

36. 青少年紧急避险自救读. http://www. baike. baidu. com,2012-5-28.

37. 冰雪灾害如何自救. http://www. baike. baidu. com,2012-5-28.

38. 减轻冰雪灾害的措施. 中国农资网,2012-12-21.

39. 张庆阳等. 澳大利亚气象灾害防治. 中国减灾,2012(10).

40. 张庆阳等. 美国气象灾害防治理念. 中国减灾,2012(11).

41. 张庆阳等. 日本气象灾害防治. 中国减灾，2012(12).
42. 张庆阳. 国外应对雪灾及其借鉴. 中国减灾，2013(1).
43. 雪天学生安全指南. 人民网，2013-1-26.
44. 张庆阳. 英国气象灾害防治. 中国减灾，2013(2).